NATIONAL GEOGRAPHIC

ナショナルジオグラフィック にわかには信じがたい本当にあったこと

デビッド・ブラウン 編

あなたは本当に信じたものしか見えていない

ナショナル ジオグラフィック誌

ナショナル ジオグラフィック

にわかには信じがたい
本当にあったこと

デビッド・ブラウン 編

ナショナル ジオグラフィック

にわかには
本当に

信じがたい
あったこと

デビッド・ブラウン 編

CONTENT

はじめに 事実は小説よりも奇なり ……… 6

執筆者／謝辞 ……… 9

PART 1 古代の儀礼と聖地 ……… 10
PART 2 体からひもとく人間 ……… 34
PART 3 動物の驚きの能力 ……… 70
PART 4 虫たちの奇妙な世界 ……… 96
PART 5 あの謎の真相に迫る ……… 122
PART 6 翼を持つ友達 ……… 160
PART 7 宇宙 最後のフロンティア ……… 188
PART 8 人類の足跡をさぐる ……… 226
PART 9 とてつもない自然現象 ……… 264
PART 10 有史以前の生き物 ……… 292
PART 11 水の中の不思議な生き物 ……… 324

図版クレジット ……… 350

INTRODUCTION

はじめに
事実は小説よりも奇なり

思えば、すべては「双頭のヘビ」から始まった。2002年、スペインの農場主が頭の二つあるヘビを捕獲し、科学者たちの関心を集めた。この奇妙なヘビのことをナショナル ジオグラフィックがウェブサイトのニュースで伝えるや読者の話題をさらった。100万を超える人々が双頭のヘビの記事を読み、それ以来、毎日更新されるニュースを目当てに繰り返しサイトを訪れるようになった。その後10年で、ナショナル ジオグラフィックニュースは2億人以上に読まれた。

双頭のヘビのニュースを皮切りに数々の驚くべき物語がナショナル ジオグラフィックのウェブサイトを彩ってきた。単眼のアルビノのサメやウイルスにゾンビ化されてしまう毛虫、チュパカブラの正体、マヤ暦の「世界滅亡の日」に関する真実といった話題をファンは求めてやまない。

私はナショナル ジオグラフィックニュースをスタートした編集者として、当初は数百人だったファンのコミュニティが数百万人となり、数億人規模に成長する過程をこの目で見てきた。読むのも制作するのも楽しいニュースを世に送り出すのは、すばらしい仕事だった。編集者たちは、新種の生物や動物の驚くべき秘密、深淵なる宇宙の神秘などに関する話題を日々途切れることなく見つけ出す。どれも我々自身の正体やルーツ、あるいは宇宙の大き

な謎についての既存の考えを覆すような驚異的な内容だ。

　地球に生命が誕生したのは彗星のおかげ？　人間はまもなく超人的な聴力を獲得できる？　星が他の星を"食べる"ことがある？　世界最古のマットレスの発見場所は？　こういった疑問をはじめ、ナショナル ジオグラフィックニュースでは、あまたの謎を探究してきた。その答えは時に深遠で物議を醸すことさえあり、往々にして新たな疑問のもととなる。

　本書は驚異的な真実の物語を伝えてきたナショナル ジオグラフィックニュースをまとめた初めての書籍だ。書籍部門の編集者エイミー・ブリッグスとともに、世界の読者に人気の高かったものに個人的に好きなものを織り交ぜ、代表的な記事を選出した。「奇妙な生き物」から「人類の歴史」まで、どの章にもこの上なく不思議で奇妙で人々の興味をかきたてる物語が詰まっている。

　本書に載せるニュースを選びながら、真実は作り話以上に驚異に満ちているものだとつくづく感じた。我々が生きているのは真の「発見の時代」であり、この世界が人間の想像で作り出すどんなものよりもすばらしく、謎に満ちているということを思い知らされる。そういった発見を何百万という読者と共有するのが私たちの使命だ。これほどやりがいのある仕事は世の中にそうそうないだろう。

デビッド・ブラウン
ナショナル ジオグラフィック デイリーニュース初代編集長

**毎日更新されるナショナル ジオグラフィックの
ニュースはここで読めます**

ニュース（日本語）：nationalgeographic.jp/nng/news/
LATEST STORIES（英語）：nationalgeographic.com/latest-stories/

執筆者

ナショナル ジオグラフィックニュースでは超一流の記者たちが、
世界の不思議やわくわくするようなことを探し出してくる。
本書はその優れた記者たちの手による。

キャロリン・バリー
デビッド・ブラウン
アン・キャッセルマン
テッド・チェンバレン
チャールズ・チョイ
クリス・コームズ
クリスティーヌ・デラモア
ブレーク・デ・パスティノ
ウィリー・ドライ
フリッツ・フェーバー
ブライアン・ハンドワーク
メイソン・インマン
ビクトリア・ジャガード
セバスティアン・ジョン
マット・カプラン
レイチェル・カウフマン
ルーカス・ローセン
リチャード・A・ラベット
ステファン・ロブグレン
ショーン・マーキー
ヒラリー・メイエル
マティ・ミルスタイン
アン・ミナード
デイブ・モッシャー
パウラ・ニーリー
スコット・ノリス
ジェームズ・オーウェン
ダイアナ・パーセル
ヘザー・プリングル
ジョン・ローチ
カー・タン
トレイシー・ワトソン

謝 辞

奇怪なものを集めたこの一冊をともにつくりあげた
ナショナル ジオグラフィック書籍部門に感謝する。

エイミー・ブリッグス:シニア・エディター
ディー・ウォン:リサーチャー、ライター
メリッサ・ファリス:アート・ディレクター
ルース・トンプソン:デザイナー
ロブ・ウェイマス:イラスト・ディレクター
マーシャル・カイカー:アソシエイト・マネージング・エディター
ジュディス・クライン:プロダクション・エディター
リサ・A・ウォーカー:プロダクション・マネージャー
ガレン・ヤング:ライツクリアランス・スペシャリスト
ケイティー・オルセン:デザイン・アシスタント

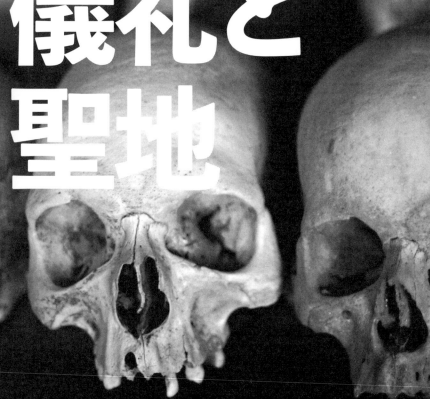

PART 1
古代の儀礼と聖地

何世紀にもわたって、諸文明は精神面の大問題に取り組んできた。死んだらどうなるのか？ 世界はどのように終わるのか？ 死後の世界で戦車は必要なのか？ 新たな素晴らしい考古学的発見——古代エジプトの子イヌのミイラから、メキシコにあるマヤ人の地下世界への入り口まで——により、世界中の多様な文化で神聖な儀式や習わしを持つにいたった、興味深い過程がいくつも明らかになっている。

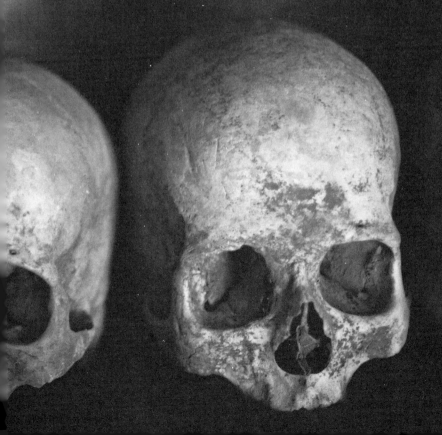

マヤの暦が予言した「世界滅亡」とは何だったのか？

2012年12月に人類が滅亡するのではないかという説が、当時世界を駆けめぐった。マヤ暦が人類滅亡を予言しているなどと信じてはいけないと、メソアメリカ文化の専門家たちが説明する。

長期暦と呼ばれる、紀元前3114年に始まり、おおよそ5125年に及ぶ周期が、2012年12月21日に終わるのは間違いない。マヤの長期暦では1バクトゥンが約400年に相当し、13番目のバクトゥンで幕が下りる。

ここで暦は次の14バクトゥンには移らず、13バクトゥンの終わ

当たらなかった予言

70年：
ベスビオ山が噴火したことで、古代ローマ人は滅亡が近いと信じた。

1666年：
ロンドン大火が、数字の666についての聖書の警告と相まって、これは自分たちの最後の年だとロンドン市民が信じる一因となる。

1910年：
ハレー彗星の出現がこの世の終わりが来るという不安をかき立て、彗星の尾に含まれるガスで地球上の生物が死ぬとされた。

1914年：
1870年代の設立以来、エホバの証人は1914年に終末が来ると予言していた。世界の終わりは訪れず、終わりは「まもなく」来ると予言を変えている。

りにリセットされる。古い自動車の走行距離計が9万9999キロに達したら、カチッと鳴ってゼロに戻るのと似ている。

「もちろん、本当は10万キロであってゼロではないことはわかっています」。ボストン大学のマヤ考古学の専門家で、ナショナル ジオグラフィックのエクスプローラーでもあるウィリアム・サターノ氏は言う。

「(13バクトゥンの終わりは)大周期の終わりでしょうか？ そうです。マヤの人々は周期の終わりに肯定的でしたか？ イエス。この13バクトゥンの終わりを、当時のマヤの人々なら最高に素敵だと思ったでしょうか？ もちろんです。マヤの人々が経験する周期の終わりのうち、もっとも重要なものがバクトゥンの終わりなのです」

「では、これが世界の終わりだと予言されたのでしょうか？ いいえ。そんなことを考えるのは私たち現代人だけです」

むしろマヤの人々にとって長期暦の終わりとは、古い周期の終

1997年3月：	2000年1月1日：	2000年5月5日：	2009年9月：
カルト教団ヘブンズ・ゲートの信者が、ヘール・ボップ彗星の最接近時に集団自殺を図った。彗星とともにやってくるUFOが、新約聖書の「ヨハネの黙示録」にあるこの世の終わりから自分たちを救ってくれると信じてのことだった。	1984年に業界誌が、2000年問題によりコンピューターが正常に機能しなくなり、大混乱を引き起こすと予言する。	水星、金星、火星、木星、土星、太陽と月とが一直線に並ぶ惑星直列によって次の氷河期が引き起こされると、リチャード・ヌーン氏が予言する。	大型ハドロン衝突型加速器を批判する人々が、この装置は地球を破壊するブラックホールを生み出すと信じる。

> この2週間で女性二人に言われた。子供を道連れに自殺しようと思っている、世界の終わりを経験せずに済むようにと。
> **デビッド・モリソン**
> NASA宇宙生物学研究所上級研究員

わりと新しい周期の始まりを意味すると、メキシコ国立人類学歴史研究所（INAH）のチアパス州担当責任者エミリアーノ・ギャラガ・ムリエタ氏は述べる。「たとえばアジアで今年は亥年で来年は子年、その次は暦にあるまた別の動物だ、という（サイクル）と一緒です」

13バクトゥンの終わり

　13バクトゥンの終わりに関する文字資料は、ほとんどない。マヤ学者の大半があげる資料はたった一つ、メキシコのタバスコ州トルトゥゲーロ遺跡にある、モニュメント6の石板だけだ。

　だが、石板に何が書かれているかは、謎に包まれている。当のマヤ文字が破損しているからだ。にもかかわらず、学者たちは何度も翻訳を試みてきた。もっともよく知られているのは、1996年に米国ブラウン大学のスティーブン・ヒューストン氏と米国テキサス大学オースティン校のデビッド・スチュアート氏が行った試みだ。

　ヒューストン氏とスチュアート氏の当初の解釈では、13バクトゥンの終わりに神が降りてくることになっている。その次に何が起こるのかははっきりしないものの、二人はこれがある種の予言のようなものかもしれないとした。

　スチュアート氏によれば、この1996年の分析結果はマヤ暦が世界の終わりを予言した証拠として、「多くのニューエイジ系のウェブサイトや、関連するフォーラムでの討論、はては少ないながら書籍でも」取り上げられたという。

メキシコ、チチェン・イッツァ遺跡にある、マヤの神ククルカンのピラミッド。

未来を讃える

　だが、ヒューストン氏とスチュアート氏はのちに石板の文字をそれぞれ再検討し、この碑文には2012年について予言するような記述はまったく含まれていないと結論づけた。むしろ13バクトゥンの終わりに言及している部分は、モニュメント6の完成を讃える碑文の主題に沿って、前向きな未来を描いたもののようだ。

　スチュアート氏はこの結論をブログに投稿し、野球にたとえて説明した。もしも1950年のワールドシリーズでニューヨーク・ヤンキースが勝利したことを永遠に讃える記事を書くことになり、モニュメン

本当の話

マヤの人々は3000年間、アメリカ大陸のジャングルに住んでいた。

ト6の碑文に使われているマヤの修辞法を用いると、文章は次のようになるだろう。

1950年10月7日、ニューヨーク・ヤンキースがフィラデルフィア・フィリーズを破り、ワールドシリーズを制した。これは1921年にヤンキースがワールドシリーズで最初の勝利を収めてから29年後の出来事だった。つまり2000年よりも50年前になされるだろう、ヤンキースのワールドシリーズ優勝が。

このマヤ式記述方法では、最近の出来事である1950年の試合に関連づけて、優勝50周年という歴史的におろそかにできない未来を示している。
「これこそまさに、古代マヤの文章の組み立て方そのものです。トルトゥゲーロ遺跡のモニュメント6もそのうちの一つなのです」とスチュアート氏はブログ記事に書いている。

純然たる詩?

INAHのムリエタ氏によると、このマヤの文章構造が、字義にこだわって文字どおり単純に解釈する傾向のある現代人の頭を混乱させてきた。たとえモニュメント6の碑文が13バクトゥンの終わりに神が降りてくることに言及しているとしても、それは世界の終わりについて述べているわけではないと言う。

「彼らはより詩的な感覚で書いています、こんな風に。2012年12月21日に神が降り来たりて新しき周期を始動させ、古き世は滅び、新たな世

私たちの祖先は言いました、最後の日が近づくと、多くの人が死んで、悪いことが起こるとね。
メアリー・コバ・クプル
マヤ人の末裔

が生まれ出る——とにかくより詩的に表現するのです」

 ボストン大学所属の考古学者サターノ氏は、モニュメント6で具体的な日付に触れられているのは明らかだと認めながらも、こうつけ加える。「かくして世界の終わりがやってきて、世界は炎に包まれ終わりを告げる……こんなことは碑文のどこにも書かれていません」

 サターノ氏によれば、むしろ2012年をめぐるいんちきな話は、現状に不満を抱く西洋人が、古代人に指針を求めることに端を発している。古代マヤ人のような人々は、この困難な時代を切り抜ける助けになるようなことを知っていただろうと期待しているのだ。

 いずれにしろ、たとえ古代の碑文が世界の終わりをはっきりと予言しているとしても、マヤの長期的な予言の実績を考慮すれば、信頼には値しないという。

「彼らには自分たちの滅亡がわからなかった。スペインに征服される未来など知らなかったのです」

子イヌのミイラが
つまった地下通路

古代エジプトの「イヌの地下墓地」の大規模調査では、その一環として2500年前の動物の死骸が調べられた──地下墓地の通路で発見された、800万体にも及ぶ動物のミイラのうち、ごく一部が対象となった。

古代王家の墓所があるサッカラの砂の下に、ヘビのように曲がりくねったイヌの地下墓地が発見されたのは100年ほど前だ。1世紀以上をへて、ようやく調査の手が入った。大量のミイラが発見されたトンネルと部屋の複合施設は、ジャッカルの頭を持つ冥界の神アヌビスに捧げられている。ミイラ化の処置が不十分で、うず高く積まれた古代の死体は、1体1体の区別がつかない山と化してしまっていると専門家は話す。ミイラが積み上げられたのは、紀元前6世紀後半頃から紀元前1世紀後半頃の間だ。

「展示や写真から個々のミイラを鑑定するのは、容易ではありません」。ナショナル ジオグラフィック協会が支援する

英カーディフ大学のポール・ニコルソン氏は言う。「ここでは平均で1メートルあまりの高さまでミイラの残骸が山になっていて、それが脇通路いっぱいに詰まっています。博物館にある標本とは違って保存状態も装飾も貧弱ですが、それでも科学的な情報をたっぷりと与えてくれるのです」

じかに届ける

地下墓地の通路に積み上げられた腐敗しつつある動物のミイラは、アヌビス神に願いを聞き届けてもらいたいという、巡礼に訪れた古代エジプト人の強烈な願望の証だ。カイロのエジプト考古学博物館で動物ミイラ・プロジェクトを発足させた考古学者、サリマ・イクラム氏はこう説明する。今日、「いくつかの宗派では、蝋燭に火を灯し、祈りはその煙にのって直接神に届けられるとされています」

同じように、ミイラとなったイヌの魂が人間の祈りを死後の世界へと運んだ。「イヌはアヌビス神に似た種ですから、神の耳に届ける特別な手段を持っていたはずです。つまり、神との直通電話のようなものです」

証拠死体

イヌのミイラだけが地下墓地を満たす動物というわけではない。「ジャッカルやキツネ、エジプトマングースもいます。ただし圧倒的多数がイヌなので、この場所はアヌビ

> アヌビスが正確にはイヌ科のどの種を表現したものかは議論の余地がある……アヌビス神がどのように考えられていたのかを理解するために、地下墓地の動物たちについて……さらなる発見を期待している。
> **ポール・ニコルソン**
> カーディフ大学・エジプト探査協会
> イヌの地下墓地調査隊隊長

ス崇拝だけを目的としていたのだと、私たちは考えています」とカーディフ大学のニコルソン氏は語る。

サッカラのいわゆる「聖なる動物の共同墓地」には、イヌ以外も多く祀られていた——動物のミイラには他に、ヒヒ、雌ウシ、雄ウシなど色々な種類があるという。

あらゆる形と大きさ

イクラム氏によれば、迷路のようなイヌの地下墓地には、「あらゆる形と大きさ、胎児から成犬まで、あらゆる年齢の」イヌが収められている。「たとえば脚が短いダックスフントのようなタイプも、ゴールデンレトリバーのような脚が長いタイプもいる。（ミイラにしたのは）その時そこにいるイヌなら何でもよく、巡礼者の懐事情に合えば種は問わなかったのでしょう」

これほどの数のイヌを供給するために子イヌ工場が何カ所も運営され、多くが生まれたばかりの時にミイラにされたようだと、ニコルソン氏は言う。「おそらくアヌビス神に仕える神官たちは、毎週のように巡礼者向けのミイラを作るため、一定数の動物を定期的に入手していたと考えられます」

地下墓地にいくつかある特別な壁龕（へきがん）——生きていたころの名誉にみあう場所だ——を占める、イヌのミイラがある。近くのアヌビス神殿で暮らしていたらしい高齢の雄イヌのミイラは、他と比べてよく手入れされた毛並みをもつ。「こうしたイヌは、アヌビスが地上に顕現した、まさに聖なるイヌだったはずです」とイクラム氏。

エジプト考古省の許可のもと、エジプト探査協会と連携

> **本当の話**
> 初期の墓は、うろつくイヌやジャッカルから死者を守るために造られた。

して、考古学者たちはイヌの地下墓地で砂をふるいにかけ続けている。ニコルソン氏は言う。「大量のイヌのミイラを目の当たりにして、どれだけ古いのか、性別は何か、種について言えることがあるか、あるいはどんな風に死んだのかを知ろうと努力しているところです」

地下墓地に眠る他の動物

不思議なことに、数は少ないがネコのミイラもイヌの地下墓地で発見されている。おそらくネコたちがアヌビス神殿に居を定め、その関連で神聖視されるようになったのだろうと、イクラム氏は推測する。あるいはいかさまだったのかもしれない。「イヌが足りずに、ネコを包んでイヌのように見せたときがあったのかもしれません。詐欺師の出番ですね」とイクラム氏は言う。

他にも、鳥のようなミイラの謎がある。「外見はハヤブサに作ってありますが、X線で調べるまで正体は不明です」

神聖な動物

イヌ、キツネ、ジャッカルは、アヌビス神への捧げ物として生贄に供されたが、生贄はこの3種の動物だけではなかった。古代エジプト社会では、個々の神々への崇拝を受ける多くの動物がいた。紀元前3000年から紀元前2000年の間に、こうした動物は神聖な地位へと高められた。以下は、とくに人気のある神々と、対応する崇拝対象である動物の一部だ。

- アピス——雄ウシ
- バステト——ネコ
- ハトホル——雌ウシ
- ホルス——タカあるいはハヤブサ
- クネム——雄ヒツジ
- ソベク——ワニ
- トト——ヒヒあるいはトキ

PART1 古代の儀礼と聖地

生きているような
水漬けのミイラ

　道路の建設現場で、驚くべきものが掘り出された。眉毛や髪、皮膚がそのまま残っている、600年前の中国人女性のミイラだ。詳しい身元はわからない。

　おそらくは幸運な出来事が重なったことが、600年前に中国で葬られた女性の保存状態につながった。女性の墓は、中国江蘇省泰州市付近で道路建設に従事していた作業員に偶然発見された。「水に漬かっているミイラの保存状態が非常によいのは、墓が無酸素状態になるからです」と米国ペンシルベニア大学の考古学者ビクター・メア氏は言う。つまり、極端に酸素が欠乏している水は、普通なら遺体を分解してしまうバクテリアの活動を抑えるのだ。

　古代エジプトのミイラと違い、明代（1368〜1644年）のものと思われるこの遺体は、あくまで偶然に保存されたのだろうという。「私の知る限り、中国では死者をミイラにしていたという証拠はありません。たまたま適切な環境に置かれれば、誰でもミイラになりうるということでしょう」

女性は誰か

中国の泰州市博物館の職員は女性のミイラ——道路の拡張工事の最中に見つかった3体の内の1体だ——を木製の棺から慎重に取り出すと、一緒に発見された遺物から彼女の人生を想像した。女性の胸を飾るのは、いわゆる悪魔祓いの硬貨だ。「硬貨は邪悪な力に対する護符として体に置かれたのだと思います」とカナダのブリティッシュ・コロンビア大学アジア研究所の歴史学者ティモシー・ブルック氏は言う。

死者の身長は1.5メートルほど、正装しており、翡翠の指輪や銀の髪留め、20点以上の明代の衣類といった豪華な副葬品とともに埋葬されていた。古代中国では、翡翠は長寿と結びつけられていた。だがこの場合、翡翠の指輪は「女性が裕福であることを示すものであって、来世を案じてのものではありません」とブルック氏は話す。

もっとも、鳳凰や龍のような身分を示す印がないことから、王族ではないだろうとも言う。「頭の被り物はありきたりのものです。特別な特徴は何もない……裕福な一般の人物だったのだと思います」

女性の埋葬時に記録の類が一緒

PART1 古代の儀礼と聖地

に埋められたかどうかはわかっていない。古代の中国ではごく普通の習わしだった。「少しでも重要な人物であれば、簡単な伝記のようなものを用意させました。埋葬場所に掲げたり、墓

> ### 氷漬けのミイラ
> 1991年、登山者がオーストリアとイタリアの国境付近の氷河で、凍りついた遺体を発見した。当初、法医学の専門家は、遺体がどれほど古いものかわからなかった。放射性炭素年代測定法を使い、この「アイスマン」が死んだのは紀元前3350年から紀元前3300年の間だと結論づけた。つまり彼は保存状態の良好な世界最古のミイラだ。

誌として埋葬されたりしました。（来世で）その人が誰であるかわかるようにするためです」

きれいに決まった髪型

博物館の職員がミイラの被り物を外すと、頭髪は明るい紫色に染められているように見えた。ブルック氏もメア氏も、そのような色をしている確かな理由はわからないと言うものの、メア氏は、水に含まれる自然の鉱物が関係するかもしれないと推測する。

ミイラの髪は、輝く銀の髪留めでまだきちんと留められていた——明代の女性の髪型としてごく一般的な例だと、ブルック氏は言う。女性の正確な死亡年齢はわからないが、しわのない顔はかなり若かったことをうかがわせる。「大人であることは確かですが、老人ではありません」

有徳の人

中国では、新たな死者は魔王の裁きを受けるのだと信じられて

いた。ブルック氏の話によると、「善行を積んだとみなされると次の生へと送り出される――文句なしに素晴らしければ神として、善良であれば人間として、それほど善良でなければ動物として、悪行が裁かれると虫として」

> **本当の話**
>
> 「ミイラ」を意味する英語"mummy"は、ペルシャ語とアラビア語の"mum"と"mumiya"に由来する。いずれも蜜蝋や瀝青（れきせい。アスファルトのこと）を表す語だ。

明代には、死後の保存状態は生きていた時の「その人の清廉さを反映する」と考えられていたと、ブルック氏は説明する。このミイラの女性の家族が、彼女の遺体が600年以上保たれることになると知っていたら、非常に誇りに思っただろう。

古代中国の
二輪戦車隊

数千年前の墓から発掘された二輪戦車とウマの骨は、裕福な貴族のための手の込んだ葬送儀礼だった。

　二輪戦車5台とウマ12頭分の骨が発掘されたのは、中国河南省洛陽市の墓だった。考古学者によれば、この墓は約2500年前、東周王朝時代に大臣あるいは貴族の埋葬のために造られたという。

戦車に乗れ

　周王朝の時代、二輪戦車は戦争に使う重要な乗り物で、貴族階級の武人が矛槍や槍をふるいながら操縦した。こう説明するのは、米国テキサス大学オースティン校の中国史学者デビッド・セナ氏だ。なお同氏はこの発見には関わっていない。
「当時は武人階級と教育を受けた貴族階級の間に区別はありませんでした。貴族は両方の役割を果たすことを期待され、二輪戦車の操縦は貴族が身につけるべき技能の一つとされていたのです」
　周時代には「二輪戦車は戦争の主力部隊でした」とセナ氏は続ける。「その後も二輪戦車は使われましたが、有効性は減少しま

発掘されたばかりのウマの骨が乾燥しないように、作業員が水を噴霧している。

した。というのは、庶民からなる従来よりも大規模な軍隊が組織されたことで、戦争は貴族らしい仕事ではなくなっていったのです」

飾り立てられた二輪戦車

　東周王朝時代に貴族が使った二輪戦車は一般に、青銅や象牙といった高価な金属や素材で飾られた。二輪戦車の高価な部品や装飾は、王からの贈り物であることが多かったと、セナ氏は説明する。
「多くの青銅器に刻まれた金文には、政治的な儀式が描写されています。儀式では貴族が称号や封土を授けられ、必ず贈り物の授受が伴う。二輪戦車の部品や装飾は、そうした儀式の非常に重要な要素でした」

快適な乗り心地！

1：**ウマ2頭とイヌ1匹**が、考え抜かれて配置されている。この車馬坑は、より大きな二輪戦車の車馬坑と同時に発見された。

2：乾燥を防ぐため、中国河南省洛陽市で発掘されたばかりの**数千年前の二輪戦車**に作業員が水を噴霧する。

3：この車馬坑の二輪戦車は、中国における**二輪戦車全盛期**のものだ。

墓の中の事情

　入念に配置された12頭のウマは、埋められる前に殺されたと考えられている。ウマと共に数匹のイヌも配置されていた。イヌは古代中国では重要な務めを果たす、献身的な動物だったため、車馬坑（二輪戦車と馬を埋めた穴）にイヌの死骸があるのは珍しいことではないと、セナ氏は言う。「人間の墓でも、イヌの遺骸はよく見かけますからね」

　この車馬坑で見つかった二輪戦車とウマが、埋葬された貴族が来世で使うためのものだったのか、あるいは二輪戦車を埋めるこの習わしが現世での家族の地位や富を強調するものだったのかは、明らかではない。両方の要素があったのではないかと、セナ氏は話す。「こうしたものは、死者の来世における必要に応じたものだと考えていいと思います」

　近年の洛陽の急速な発展もあり、「考古学者たちは、産業の成長によって、この遺構や遺物が破壊されたり上に建物を建てられたりしてしまう前に、できる限りの保全をしようとあせっています。学問や後世のためにも、こうしたものを守り、きちんと記録できたら素晴らしいことです」

兵器

二輪戦車は世界初の兵器で、最初はメソポタミアで、その後、小アジアとエジプトに広がった。現在の戦車の原型で、車上から矢を放ちながら戦場を駆けめぐった。

地底世界への入り口か

メキシコのユカタン半島には、石造りの神殿やピラミッドが並ぶ迷宮が、14の地下洞窟に残されている。しかもそのいくつかは水中にあるという。

メキシコ南部、グアテマラ、ベリーズ北部に広がったマヤ文明は、西暦250年から900年頃に最盛期を迎え、その後、不可解にも崩壊した。

マヤの神話によると、死者の魂は夜目の利くイヌに導かれて、恐ろしい水中の道を進み、無数の試練に耐えて、ようやく来世でやすらうことができる。地下迷宮は神話に触発されて造られたのか、あるいはその逆か、専門家は思案をめぐらせている。

水中洞窟

メキシコのユカタン州タツィビチェンでマヤの神殿とピラミッドを発掘していた考古学者たちは、これまでに洞窟内で石材や高い柱や神官の

本当の話

洞窟は太陽と月、神々、様々な人種の源であり、それゆえに神聖であると、マヤ人は信じていた。

PART1 古代の儀礼と聖地

彫像を発見してきた。人間の遺体まで発見している。

そうした洞窟の一つで研究者たちが目にしたのは、長さ90メートルほどの舗装された通路で、水辺に建つ円柱まで続いていた。「水のすぐ近くか水中に立つ神殿を発見するというパターンが続いています」と現場で調査隊を率いるギレルモ・デ・アンダ氏は言う。「こうした神殿は、非常に手の込んだ儀式の一環として造られたのだと思います。すべてが死と生と人身御供に結びつくのです」

魂の探求の旅

研究者たちは、マヤの神話『ポポル・ブフ』にも書かれた伝説を引き合いにだす。シバルバーと呼ばれる地下世界まで魂が到達するためには、流れる血、コウモリ、クモといった苦難に満ちた旅が課せられたという。

「洞窟は別世界への天然の入り口で、マヤの神話に影響を与えたことでしょう。洞窟は、暗闇、恐怖、怪物につながるものです」。デ・アンダ氏は、このことは神話が神殿に影響を与えたという説と矛盾しない、と続ける。

米国ボストン大学のマヤ文明の専門家ウィリアム・サターノ氏は、複数の神殿からなる迷宮は、伝説にちなんで建てられたと考えている。

「まず神話が先にあって、広大な時間と空間を有するマヤの神話を再確認させたものが、洞窟だったに違いありません」

マヤの人々にとって、体は来世への旅路に使う乗り物のようなものだった。マヤの神官は生贄を捧げる際、特別な世界でことを運んでいた——世界が続くよう手を貸していたのだ。
アレハンドロ・テラザス
自然人類学者

乗り越え、くぐり抜けて

　水中神殿の発見により、マヤの人々がこうした別世界への入り口を造るために膨大な労力をかけたことがわかった。洞窟の入り口までは森の奥深くへと突き進む必要があるうえに、神殿やピラミッドの建造にあたっては、息を止めて水中に飛び込まなくてはならなかったはずだ。

　マヤの地下世界への入り口は、グアテマラ北部やベリーズに広がるジャングルや地上の洞窟でも発見されている。「彼らは重層的な現実を信じていました」と、マヤ人についてサターノ氏は語る。「生と死者の世界をつなぐ入り口は、彼らにとって重要だったのです」

PART 2
体から
ひもとく
人間

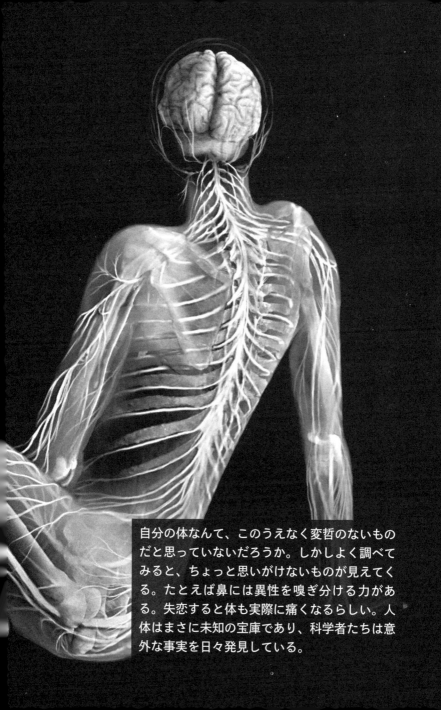

自分の体なんて、このうえなく変哲のないものだと思っていないだろうか。しかしよく調べてみると、ちょっと思いがけないものが見えてくる。たとえば鼻には異性を嗅ぎ分ける力がある。失恋すると体も実際に痛くなるらしい。人体はまさに未知の宝庫であり、科学者たちは意外な事実を日々発見している。

スーパー聴力を手に入れる方法

テレビドラマ『地上最強の美女バイオニック・ジェミー』で、主人公ジェミーに驚異的な盗聴能力があったのを知っているだろうか。研究によると、以前はSFの世界の話だったことが実現するかもしれない。

聞こえないはずの音を聞き取れるようになる日が来るかもしれない。実験によって、耳骨を振動させれば音が近道を通って脳に伝わり、聴力を拡張できる可能性があることがわかった。

周波数はいくつ？

人間が聞き取れる音の範囲は通常、20ヘルツから20キロヘルツだ。20キロヘルツは甲高い蚊の羽音に似ていて、20ヘルツは「R&Bのコンサートで、ベースのすぐ隣に立っているような感じの音」だと、米国コネティカット州にある海軍潜水医学研究所の上級科学研究員マイケル・シン

本当の話
イルカは水中で約24キロ離れた音を聞き取ることができる。

氏は説明する。

特定の条件下では、人間は通常の範囲を超えた音も聞き取ることができる。たとえばシン氏の実験によると、ダイバーは水中で100キロヘルツまでの音を聞き取れるという。なぜ聴力が通常よりよくなるかは明らかではないが、おそらく音が骨を通して脳へ直接伝わるからではないかということだ。

聴覚障害は珍しくない

米国の障害者のなかで、音が聞こえない人や難聴の人はもっとも人口が多い。4900万人以上いる障害者のうち、少なくとも2800万人がコミュニケーションに支障をきたすような重度の聴覚障害を抱えている。これは、心臓病、がん、多発性硬化症、失明、結核、性感染症、腎臓病の患者をすべて合わせた数よりも多い。

音を聞く仕組み

一般に私たちが音を聞くには、まず音波が大気中や水中を伝わって耳の穴に入り、外耳道を通って鼓膜にぶつかる。これによって鼓膜が振動する。鼓膜にはツチ骨、キヌタ骨、アブミ骨の順に、三つの小さな骨（耳小骨）がつながっている。この三つの骨は、形がそれぞれ金づち、きぬた（布を木づちで打って柔らかくする際に用いる台）、あぶみ（馬具で足をかける部分）に似ていることからこう呼ばれる。

さらに、アブミ骨の前後の振動が、リンパ液で満たされた「蝸牛（かぎゅう）」という内耳器官に届いて、リンパ液を揺らす。蝸牛は小さなカタツムリに似た形で、中には極小の有毛細胞が並んでいる。この細胞がリンパ液に生じた圧力波を感じ取って神経信号に変換し、それが脳に伝わると音として認識されるのである。

プロセスを省略

「このように私たちは一連の長いプロセスを経て音を聞いていますが、骨伝導や水中で音を聞くときは、この一連のプロセスを何カ所か飛ばしています」とシン氏は説明する。たとえば骨伝導は、超高周波数の音が耳骨を直接刺激し、鼓膜を振動させずに神経信号が脳に伝えられる。クジラのなかにはこの方法で水中の音を聞き取っている種もいる。

「われわれの研究の最大の目的は、水中での聴音と、骨伝導による聴音の仕組みを理解し、両者の基本的な仕組みは同じかどうかを確かめることです」と同氏は語る。また、特定の周波数の超音波によって蝸牛内のリンパ液が直接刺激されることもある。「レンチで水タンクを叩くようなものでしょう。リンパ液自体が振動するのです」

あなたの耳にも届くかも？

シン氏のチームは超音波振動にもっとも敏感なのはどの骨かを探っている。「基礎科学はこういう点が素晴らしいのです。物事の仕組みを理解し、さまざまに応用できるのですから」

人は異性を嗅ぎ分ける。知らず知らずのうちに

私たちは気づかないうちに、鼻で男性と女性を区別している。

研究によると、女性も男性も無臭のフェロモンによって異性を嗅ぎ分けることができるという。人間もほかの動物と同じように、これまで考えられていた以上に多くの情報を嗅覚から得ている証拠がいくつも報告されているが、この研究はこの説をさらに裏づけることになった。

セント・オブ・ウーマン

フェロモンは性的な情報を伝達する化学物質で、動物の世界ではフェロモンを使った行動が多く知られている。人間も同様に、無意識のうちにフェロモンを利用しているとする研究もいくつかある。

「動物がコミュニケーションをする際、化学物質によるシグナルがもっともよく利用されることはよく知られています。でも

> **本当の話**
> においは、左よりも右の鼻孔のほうが嗅ぎ取りやすい。

PART2 体からひもとく人間　39

人間の場合、化学物質が用いられることはあまりないと考えられてきました」と、北京の中国科学院心理研究所で研究のリーダーを努める周 雯(チョウウェン)氏は話す。「しかし、われわれの研究から、人間は明確に意識していなくても、やはり化学物質の影響を受けているといえます」

　この実験によると、異性のフェロモンと考えられる物質を嗅いだ被験者は、性別不明の人影を異性と認識する傾向が強くなったという。しかも、被験者はにおいを嗅いでいることもわかっていなかった。

　周氏らは、人間の動きと錯覚するような、光の点が動く映像を使って実験を行った。映像は、人物の動きをデジタルで記録するモーションキャプチャー用スーツを着た本物の人間を撮影したものだ。スーツの各関節にはLED電球がついており、ハリウッド映画で特殊効果の撮影に使われているものに似ている。こうして撮影された光の点を数学的に操作して、「人影」の歩き方が男性的とも女性的とも見えないようにした。

フェロモンのパイオニア

人間のフェロモンに関して、もっとも有名な研究を行ったのがマーサ・マクリントックである。1971年、マクリントックは、同居する複数の女性はフェロモンの作用により同時に月経を迎えると主張した。当時、生理的な現象は社会的な要因に影響されないと考えられていたため、この説は画期的だった。マクリントックの研究成果に続いてさらなる研究が行われ、さまざまなヒトのフェロモンを理解し、心理的、社会的背景がヒトの生理的活動にどのような影響を及ぼすかを解明することにつながった。

あなただけのにおい

　実験では被験者（男性20名、女性20名）に対し、この性別不明な人影のアニメーション映像と、男女を明確に区別できる映像を見せた。ビデオを見せているあいだ、被験者には物質を添加した3種類のクローブ油を嗅がせた。それぞれのクローブ油に添加した物質は、男性ホルモンのアンドロスタジエノン、女性ホルモンのエストラテトラエノール、化粧品の基剤によく使われる一般的な油脂である。

　女性フェロモンを嗅いだ男性は、ホルモンを添加していないクローブ油を嗅いだ男性に比べて、性別不明の人影の歩く姿を女性と判断する傾向が強かった。さらに、比較的はっきり男性とわかる人影を見ても、女性と判断する傾向が強かった。男性ホルモンを嗅いだ女性も同じ結果となった。つまり、一般的な油脂を嗅いだ女性に比べて、人影を男性と判断することが多かった。エストラテトラエノールは女性に効果がなく、アンドロスタジエノンは男性に影響がなかった。

　この認識の違いは、普段嗅ぎ分けているにおいとはまったく関係がないようだ。というのも、目隠しをした被験者は、ホルモンを添加したクローブ油と何も添加していない油脂の違いを認識できなかったからだ。「これは完全に無意識のものです。被験者らは何を嗅いでいるのかわかっていないのに、このように異なる行動パターンを示しました」と周氏は話す。

失恋は本当に"痛い"

科学によって普遍的な事実が明らかになった。失恋の痛みだ。ふられた人の脳を調べると、失恋が実際に身体的な痛みを引き起こすことがわかった。

棒で殴られたり石を投げられたりするのと同じくらい、言葉によって傷ついたことはないだろうか。脳の活動に関する研究によると、恋人にふられると、身体的な痛みが引き起こされるようだ。

ぼくのハートを傷つけないで

　過去の研究によって、社会的に拒絶されたという経験は、精神的な苦痛を処理する脳内ネットワークとつながっている可能性が明らかになっている。しかし、身体的な苦痛との関係はわかっていなかった。研究チームのメンバーで当時米国ニューヨーク市にあるコロンビア大学所属の心理学者エドワード・スミス氏は、実生活で失恋した人、すなわち社会的に拒絶された人の脳をMRI（核磁気共鳴画像法）でスキャンした。すると、「身体的苦痛を感じる脳の領域が活発化していました」

ふられると、苦痛をつかさどる脳の領域が活性化する。

　スミス氏の研究チームは、マンハッタン一帯でチラシを配布したり、フェイスブックや地域情報交換サイトであるクレイグ・リストに広告を出したりして被験者を募り、40名を集めた。参加者はすべて過去6カ月以内に、「恋愛関係における破局」を経験したと自己申告した。

　MRIを撮っている間、被験者に別れた恋人の写真を見せ、ふられたときのことを考えてもらった。すると、身体的苦痛をつかさどる脳の領域（専門的には二次体性感覚野と島皮質後部という）が活発化したという。

別れはつらいよ

　スミス氏は今回の研究についてこう話す。「厳密に完璧な実験とは言えません。失恋した人としていない人との対照実験ができ

ていないからです。研究室の外での出来事を材料にする場合、どんな実験にもついてまわる問題です」

「"実験者にはわからない要因"によって、失恋した人たちにこのような特殊なパターンが現れた可能性も常にあります」

> 恋なんてナンセンスだと言う人がいるが……、そんなものじゃないんだと言いたい。何週間、何カ月も肉体的な痛みが続き、心臓のうずきが昼も夜も一向に治まらない。虫歯かリウマチのように神経がずっと圧迫され、一瞬たりとも耐えられることはなく、エネルギーを消耗してへとへとに疲れ果てるのだ。
> **ヘンリー・ブルックス・アダムス**
> 米国の作家

　それでも、この研究結果は注目に値するとスミス氏が自負するのは、同氏のチームが恐怖、不安、怒り、悲しみなど、さまざまな否定的な感情について、150回のMRIによる脳スキャン実験を行ってきたからだ。しかし、被験者たちはこのうちのどの感情を味わっても、身体的感覚をつかさどる脳の領域が、恋の破局を迎えたときのように活性化しなかったという。「失恋には特別な何かがあるのかもしれません」とスミス氏は見ている。

人は先天的に悪臭を知っている?

鼻には小さなホットスポットがいくつもあり、何がよいにおいで、何がくさいのかを脳に伝えている。

においを感知する鼻の器官には何百万もの嗅覚受容体が存在している。それらは無秩序に点在しているわけではない。嗅覚受容体は特定の領域に局在し、脳がよいにおいと嫌なにおいを判別するための前処理など、さまざまな機能を担っている。

鼻の奥で

実験では、被験者の鼻の奥に測定器を挿入して複数のにおいを嗅がせ、嗅覚ニューロンの信号を調べた。その結果、人間には、よいにおいを判別するための神経回路が先天的に備わっている可能性があることがわかり、人間の嗅覚は経験による影響を受けないのではないかという疑問が生じた。

米国ニューヨーク大学医学部の神経生物学者ドン・ウィルソン氏は今回の研究に参加

> **本当の話**
> 人間は約1万種類のにおいを嗅ぎ分けることができる。

していないが、次のようにコメントした。「非常に興味を引かれますが、困惑もしています。私を含め多くの専門家が支持している学説とは相容れない結果だからです」。今回の研究によれば、嗅覚に関する情報はすべてが脳で処理されるわけではなく、一部は嗅覚ニューロンによって前処理されることになる。つまり、鼻専用の小さな脳があるようなものだ。

人間はたった3種類の受容体ですべての色を識別しています。嗅覚（の受容体）は400種類なので、非常に複雑な仕組みでにおいを識別しているといえます。

ジョエル・メインランド
モネル化学感覚研究所、遺伝学者

嗅覚ニューロンの一つ一つを捉える

　人間の鼻には、においを感知する部位「嗅上皮（きゅうじょうひ）」がある。これは切手ぐらいの大きさの特別な上皮組織で、鼻腔の奥に備わっている。これまで、マウスの鼻で嗅覚ニューロンの発火（興奮）を計測しても、嗅覚受容体がグループごとに存在している可能性がある、という程度のことしかわからなかった。ちょうど、舌に特定の味を識別する領域があり、それぞれの領域で酸味、甘味、塩味などを感じているのと同じだ。

　マウスの鼻には1200種類以上の嗅覚受容体があるため、非常に小さい計測器を使っても、1度に何万という受容体に計測器が接触してしまい、個々の信号を明確に捉えることは難しい。

　一方、人間の嗅覚受容体は400種類ほどなので、計測器を鼻に差し込んで有用な情報をうまく取り出すことができる。

においを嗅ぎ分ける鼻の離れ業

　イスラエルにあるワイツマン科学研究所の神経科学者ノーム・ソベル氏が率いる研究チームは、80人以上の被験者にさまざまなにおいを嗅がせる実験を行った。実験では、多くの文化圏で快、不快の認識が共通するにおいを用いた。

　通常、においは数十から数百の成分から成る。そこで、純粋なにおい成分のみを被験者の鼻に霧状に吹き掛けた。被験者は検査機器を装着しており、1回に1種類ずつにおいを嗅ぐ。

　実験から、鼻腔内の神経活動の記録801件が得られ、嗅上皮のいくつかの領域は、ほかの領域より、においの識別に抜きんでていることを発見した。また、においの快不快を判断することに特化した領域が複数あることもわかった。

　ニューヨーク大学のウィルソン氏はこう述べる。「嗅上皮に特定の情報を感知する領域があるとは意外です。何のためにこうした領域があるのかはわかりませんが、非常に興味深いものがあります」

脳を若返らせる妙薬

年をとって物忘れが激しくなったり、記憶がおぼろげになったりするということは、過去の遺物になるかもしれない。サルを使った研究で、加齢によって衰えた脳の神経活動を若返らせることができる未来が見えてきた。

老犬の訓練と同じで、年老いた脳に新しい芸を教え込むことはできない。しかし、昔覚えた芸を思い出す能力を回復させることならできるかもしれないという。アカゲザルにある種の化学物質を投与した結果、老化とともにニューロン（神経細胞）の「発火（興奮）」を遅らせる脳内分子が阻害され、ニューロンが若返ったそうだ。

　研究チームのリーダーで米国エール大学の神経生物学者エイミー・アーンステン氏は、「老化に伴う認知機能低下の生理学的メカニズムを初めて垣間見ることができました」と話す。「老化すると脳の構造は大きく変化し、元には戻せないというのが今までの常識でした。しかし、今回の結果で希望が持てます。脳内の神経化学的な環境によって、脳を大きく変化させ、認知機能の一部を回復させられる可能性があるのです」

ワーキングメモリーの重要性

　脳内にある前頭前野は、老化とともに急速に衰え始める。前頭前野はワーキングメモリー（作動記憶）の維持など、さまざまな高次機能をつかさどる領域だ。ワーキングメモリーとは、行動に結びついた刺激がないときに、その行動の情報を「心のスケッチブック」にとどめておく能力である。若い脳では、前頭前野にある一つ一つのニューロンが互いを活性化させ、ワーキングメモリーを脳内に保持しようとする。「この関係が成立するかは、脳内の神経化学的な環境を適切なバランスに保てるかにかかっています」とアーンステン氏は述べる。

ストレスは少なく！

強いストレスを感じると、年をとるのと同じくらい前頭前野の神経細胞がダメージを受けることがわかっている。前頭前野は記憶の形成や保持をつかさどる領域だ。ストレスによるダメージは回復できるものの、ストレスを受け続けると、加齢による記憶力の低下が加速する可能性がある。

　しかし40〜50代になると、前頭前野に「cAMP（環状アデノシン−リン酸）」というシグナル伝達分子が過剰に蓄積されるようになる。その結果、ニューロンが効率的に発火できなくなり、物忘れや注意力散漫の原因となる。米国における高齢者の人口は2050年までに2倍になり、その多くが超情報化社会に対処できなくなるといわれている。

サルは見、サルは記憶する

　アーンステン氏らは、さまざまな年齢のアカゲザル6匹を実験用に数年間訓練し、単純なテレビゲームができるようにした。

ゲームをするにはワーキングメモリーを活用する必要がある。「若いサルほどゲームがうまく、長時間プレーをしました。人間と同じです」とアーンステン氏は言う。

サルがゲームのやり方を身につけたところで、痛みを伴わない方法で脳に小さなファイバーを挿入し、単一ニューロンの発火状況を記録した。生きている高齢の動物に対してこの手法が取られたのは初めてである。予想どおり、若いサルでは刺激のないときもニューロンが高頻度で発火した。高齢のサルでは、刺激がないとニューロンはあまり発火しなかった（実験結果は「ネイチャー」誌に掲載）。

しかし、挿入したファイバーを通して「グアンファシン」という化学物質を含む薬を高齢のサルに投与すると、cAMPの伝達経路がブロックされ、ニューロンの活動が活性化した。

スーパーラット

「ホビー・J」という名前の実験用ラットは、まだ胚の状態だったときに、「NR2B」という遺伝子を過剰発現させる物質を注入された。NR2Bには脳細胞の情報伝達速度をコントロールする働きがある。この結果、ホビー・Jの脳細胞は、平均的なラットよりも少しだけ長く情報を伝達できるようになり、知能が高くなった。この結果から、人間の場合もNR2Bに的を絞って投薬すれば、認知症やアルツハイマー病などの症状を緩和できる可能性があることがわかった。しかしながら、健康な人の記憶力を増強することについて研究チームは注意を呼びかける。神経科学者のグーソン・ルー氏はこう話す。「私たちが忘れるのには理由があります。嫌な経験は水に流し、いつまでも思い悩まないようにできているのです」

未来の脳活性剤？

グアンファシンは成人向け高血圧治療に使われてきた薬の成分だ。現在、高齢者のワーキングメモリーを改善する効果があるかを確かめるため、臨床試験が進められている。さらにアーンステ

ン氏は、グアンファシンがサルのワーキングメモリーを改善することはこれまでの実験で明らかになっており、サルや人間を対象にした別の実験でも同じ結果が得られたとする（特に記すが、アーンステン氏はグアンファシンを用いた徐放剤「インチュニブ」の売り上げから特許使用料を受け取っている。インチュニブは未成年者向けの注意欠陥・多動性障害（ADHD）治療薬だ。同氏は臨床試験で用いられているグアンファシンの後発医薬品については、使用料を受け取っていない）。

ただし、この薬が脳の活性剤として承認されたとしても、記憶の改善がどこまで期待できるか判断するのは時期尚早である。「"30歳に戻れる"などと断言することはできません」とアーンステン氏は言う。

一方、神経科学者でカリフォルニア大学アーバイン校の学習・記憶神経生物学センターに所属するジェームズ・L・マゴー氏は、今回の研究にはかかわっていないが、こう述べる。「（これまでの研究では）記憶の改善とニューロンにおける"発火の回復"が、直接関係しているという証拠は示されていません。その可能性があるに過ぎません」

残る疑問

「重要なのは、ワーキングメモリーが改善したとする証拠を示したこれまでの研究と、今回の研究では、薬の投与方法が異なることです」とマゴー氏は言う。

それに、今回の実験では脳に直接薬を注入したが、アカゲザルのワーキングメモリーがこの処置後に改善したのかどうかは結論として明示されていない。一方、先行研究ではこの関連性が指摘されている。

従って、神経細胞が活性化したために記憶が改善したのかは、いまだに「疑問が残る」とマゴー氏は指摘する。「実験結果が重要なのは間違いありません。でも、私の理解では、情報の一部が欠けているように思います」

> **本当の話**
> 脳細胞は体内のどの細胞よりも長生きする。

　神経科学者であり、当時カリフォルニア大学サンディエゴ校でアルツハイマー病共同研究（ADCS）プロジェクトの責任者を務めたポール・アイゼン氏も、この研究は専門家の間で「一歩先を行っている」と言いつつも、「人間に応用できるかは不透明です」と続ける。「単細胞であるニューロンの発火を計測した結果を、人間の行動という極めて複雑な事柄にあてはめるのは無理があるからです。サルと人間という違いが問題なのではなく、単一の細胞の記録は脳機能のごく一部を示しているにすぎません」

脳の活性剤は必要か？

「そもそもの問題として、老化に伴う記憶能力の低下に薬物治療が必要なのかということがあります。アルツハイマー病などでなければ、記憶力が低下しても、十分に補うことができます。たとえば、高齢者が物忘れをするなら、対策として単にメモを取ればすむこともあります」とアイゼン氏は言う。

　一方、研究チームのリーダーであるアーンステン氏はこう主張する。「認知機能低下との闘いは、多くの健康な高齢者にとって死活問題です。財産や受ける医療について自分で判断し、自立生活を送るためには、認知機能が欠かせません」

指紋がない病気の謎

遺伝子変異によって指紋がない人が生まれることがある。

ほぼすべての人には生まれつき指紋があり、形状は一人一人違う。しかし、「先天性指紋欠如症」という珍しい病気を持つ人には、生まれつき指紋がない。この疾患は世界中でもたった4つの家系でしか確認されていない。

シモンがなぜないかというギモン

疾患の原因を探るため、イスラエルのテルアビブ・ソウラスキー医療センターの皮膚科学者イーライ・スプレッチャー氏は、スイスのある家系を調査した。この家系には先天性指紋欠如症の症状が見られ、このうち16人のDNAを調べた。7人には標準的な指紋があり、9人にはない。突然変異の確証を得ようと、研究チームは数々の遺伝子を解析した。何の成果も得られないように思われたそのとき、ある院生がついに犯人を特定した。SMARCAD1という遺伝子の短い型だった。

SMARCAD1には短い型と長い型があり、長い型は全身で発現するが、短い型は皮膚のみで発現する。予想どおり、指紋がない

9人では、この短い型に突然変異が起きていた。

 生まれつき指紋がないのは、SMARCAD1という一つの遺伝子が活性化していないという単純な話ではない、とスプレッチャー氏は言う。それよりも、突然変異によってSMARCAD1の複製が不安定になることが大きな要因だ。

 また、この突然変異を発端としてさまざまな事象が連鎖的に発生し、最終的には子宮内での指紋の形成に影響を与える。スプレッチャー氏によれば、突然変異によって、どのような事象が起こるのかはまだ解明されていないという。

実害がない疾患

 指紋欠如の原因となる遺伝病としては、ほかにネーゲリ症候群や網状色素性皮膚症などがあり、いずれもケラチン14というタンパク質の異常によって引き起こされる。

 こうした疾患では「指紋の欠如のほか、皮膚の肥厚や爪の形成異常といった深刻な症状が多数現れます」とスプレッチャー氏は話す。一方、「先天性指紋欠如症」にはこうした症状はなく、あるとすれば発汗機能がやや低下する程度だ。概して「患者は健康そのもので、あなたや私とほとんど変わらない」という。

 研究対象としたスイスの家系をさらに調査すれば、指紋全般に関する謎が解明できるかもしれないとスプレッチャー氏は言う。「珍しい病気を出発点にして、生物学全般に関わる重要な問題を深く理解するのです」

本当の話
子どもの指紋は、大人より早く皮膚から消える。

ワニの肉を食べて初期人類の脳は大きくなった？

初期人類の脳が大きくなった秘密は、ワニの肉を食べて豊富な脂質を取ったことにあったのかもしれない。

脂質を多く含むワニの肉を食べたことで、人類の脳が大きく進化した可能性があるという。先史時代の「キッチン」から見つかった骨や道具類を調査して明らかになった。それらは、人間が水生動物を食べていた最古の証拠だという。

脳の主食

ケニア北部にある195万年前の遺跡から、解体されたカメ、ワニ、魚の骨や石器が見つかった。ヒトの骨は見つからなかったが、遺物から総合的に判断すると、この遺跡は煮たきに用いられていた場所だと考えられる。

今回の研究によれば、水生動物を食べるようになったことでヒト族の一部の脳が大きくなった可能性があるという。ヒト族とは、現生人類に加え、ヒトの祖先やその近縁の仲間を指す総称だ。脳が大型化した理由は、爬虫類や魚類には長鎖多価不飽和脂肪酸（LCPUFA）が特に豊富に含まれているからだという。南アフ

先史時代に生息していたワニ「エウテコドン（*Euthecodo*）」の頭骨の化石。

リカにあるケープタウン大学の考古学者で研究チームのリーダーであるデビッド・ブラウン氏によれば、このいわば「よい脂肪」がヒトの脳を進化させた「複合的な要因の一つ」だとする専門家の意見もあるという。

「脳の主食」に関する証拠が発見されたことにより、約180万年前にヒトやヒトに近い種のなかで大きな脳を持つものが現れた経緯が明らかになるかもしれない、とブラウン氏は言う。大型の脳を持つようになった種としては、私たちの直接の祖先とされるホモ・エレクトゥス（*Homo erectus*）が挙げられる。

初期人類はワニを狩っていたのではない

ケニアの遺跡からは48種類の動物の骨が見つかった。この遺跡がある場所は、かつて小さな川に挟まれた三角州だったとい

う。初期人類はワニなどの水生動物に加え、古代のサイ、カバ、アンテロープなどの哺乳類も食用としていた証拠が見つかっており、このことは「米国科学アカデミー紀要」(PNAS) 誌に掲載された論文の中で報告されている。出土した動物の骨の一部には、単純で鋭利な石器で切られた跡も残っているとのことだ。

ただ、ブラウン氏によれば、ケニアのヒト族はワニを狩っていたわけではないようだ。初期人類は動物の死骸をあさり、その肉を持ち帰って切り分け、まだ人類が火を使わない時代だったので、生で食べたと考えられている。

脳の変化

フロリダ州タラハシーにあるフロリダ州立大学の人類学者ディーン・フォーク氏は、この研究には参加していないが、電子メールによる取材に対して次のように答えた。「水生動物を食べることが、成長や発達の面からいって健康的なものだっただろうという発想は、合理的と思われます。しかし、脳が200万年ほど前に急激に大型化したという従来の説は、この10年間で支持されなくなってきています」

たとえば、フォーク氏が主導した別の研究（2000年に「ジャーナル・オブ・

珍しい食肉文化

世界では、現在でもその地域ならではの肉が食されている。以下に例を挙げよう。

1. コウモリ（グアム、インドネシア）
2. カンガルー（オーストラリア）
3. ヘビ（中国）
4. 孵化直前のアヒル（ベトナム、フィリピン）
5. ワニ（タイ、オーストラリア、米国の一部）
6. ヤク（チベット）

ヒューマン・エボリューション」誌に掲載)では、ヒトの祖先であるアウストラロピテクス属のいくつかの種で、200万年前よりずっと前に脳

> **本当の話**
>
> ワニは2億年前には地球上に生息していた。

の一部の形状が変化し始めていたことがわかっている。この変化は脳の大型化と関係があると思われる。

　しかしながら、今回の研究を主導したブラウン氏はこう語る。「ヒト属全般にとって、進化のある時点で多様な哺乳類や爬虫類を食べていたことが、環境に適応する上で武器になった可能性があります」

剥がれ落ちる宇宙飛行士の爪

宇宙に行くなら、マニキュアはやめておいたほうがよいかもしれない。宇宙飛行士は手が大きいほど、爪が剥がれ落ちやすくなるという。

研究によって、宇宙服のグローブが爪のけがにつながる可能性があり、特に手が大きいほどその傾向が顕著であることがわかった。実際、手の大きさにかかわらず、爪や手のけがは船外活動をする宇宙飛行士にとって一番の悩みの種らしい。そう話すのは、研究チームの一員で米国マサチューセッツ工科大学（MIT）の宇宙航空学者であるデーバ・ニューマン氏だ。

フィットしないグローブ

ニューマン氏はこう話す。「グローブは間違いなく技術者にとって大きな課題の一つです。体のほかの部分と同じように、手も自由に動かせるようにしなければならないからです」

問題は、宇宙服全体と同様にグローブも、空気がなく寒い宇宙空間で地球の大気圧を再現しなければならないという点だ。ガスで与圧されてぱんぱんに膨らんだ風船のようになっているため、

宇宙服のグローブが問題の原因？

柔軟性がなく、船外活動中にグローブをはめた手で細かな作業を行うことが困難になる。

　宇宙遊泳中の宇宙飛行士のけがに関する先行研究では、2002年から2004年に報告された352件のけがのうち、約47%が手に関連するものだった。さらに、手のけがの半分以上は、グローブの指先にある硬い部分に指先や爪が当たったことが原因だった。

　このうち数件では、船外活動時に継続的に指先に圧力がかかり、爪が爪床からはがれ落ちて激痛が走る「爪甲剥離」という症状が発生していた。任務の遂行には支障がないものの、グローブの内側に爪が引っ掛かるのは煩わしい。しかもグローブ内が湿っているので、むき出しになった爪床から、細菌や酵母菌による二次感染が起こる恐れもあるという。爪は完全に剥がれ落ちてしま

うとまた生えてくるのだが、変形する可能性もある。

今のところ数少ない解決策としては、保護用の包帯を巻くか、爪を短く切ることだ。

> **本当の話**
> 宇宙飛行士は宇宙に行くと身長が数センチ伸びる。

あるいは、もっと極端な手入れ方法を選択する人もいる。「船外活動の前に爪を取ってしまった人が何人かいたと聞いたことがあります」とニューマン氏は話す。

痛みをこらえて

現在用いられているグローブの設計では、加圧した内層を厚い外層が覆っており、寒さや周囲を飛び交う微小隕石(いんせき)から手を保護している。地球で宇宙服のグローブを装着すると、園芸用の手袋を何枚も重ねてはめているような感じだろう。やや手を動かしにくいものの、はめ心地はそれほど悪くない。

「グローブが加圧されると、柔軟性のある生地の表面が、自転車のタイヤに空気を入れたときのように硬くなります」と話すのは、米国のメーン州にある民間の宇宙服設計会社フラッグスーツLLCの創設者ピーター・ホーマー氏だ。フラッグスーツ社は、NASAが主催するグローブ設計技術のコンテスト「アストロノート・グローブ・チャレンジ」で2回優勝している。

「グローブの設計によっては硬い部分が手に当たってしまい、まめや切り傷ができることがあります。また、空気が漏れないように素材はゴム加工されることが多いのですが、それで皮膚との摩擦が大きくなり、やはりまめができてしまいます」とホーマー氏は言う。なお、同氏は今回の研究に参加していない。

船外活動時は、6〜8時間ずっとグローブを装着したまま作業

しなければならない。「あの痛みをずっとこらえて任務を遂行するなんて、宇宙飛行士は本当にすごいと思います」とホーマー氏は言う。

長い指か、大きな手か

快適なグローブの開発に向けて、MITのニューマン氏らは当初、爪のけがが指の長さと関係しているのかどうかを調査した。まず、テキサス州ヒューストンにあるNASAジョンソン宇宙センターに保存されている宇宙飛行士の医療記録データベースからデータを収集した。けがと身体測定の記録が完全に残っている宇宙船の乗組員232名のうち、22名で少なくとも1回は爪甲剥離が報告されていた。

意外なことに、けがをした宇宙飛行士のグループと、そうでないグループを比較すると、指の長さと爪が剥がれ落ちた回数に統計的な関係は見られなかったという。

その代わり、爪のけがに悩まされるのは、手の幅が広い人だということがわかった。ここでの「幅」は、指と手のひらの連結部である中手指節（中手指間節）の位置で測ったものだ。

宇宙服の部品

宇宙服はどれくらい複雑なのか。その答えは「とても」だ。NASAの宇宙服は正式には「船外活動ユニット（EMU）」と呼ばれ、個人専用の宇宙船と言ってもいいだろう。宇宙服は次のようなさまざまな部品から成っている。

- 生命維持システム（PLSS）
- 上部胴体
- 上部胴体（HUT）
- 腕部
- 船外活動（EVA）用グローブ
- 表示制御モジュール
- 飲料水タンク
- 下部胴体
- ヘルメット
- 通信用ヘッドセット（CCA）
- 冷却下着
- 集尿具
- 船外活動用簡易救護キット
- 手首装着型のミラー
- 何重にもわたる構成層
- 袖口に付けたチェックリスト
- 命綱

「中手指関節は、鉛筆を持って握るときに使う部位です」とニューマン氏は説明する。「加圧されたグローブをしていると、中手指関節を繰り返し使うのは非常に難しいことです。柔らかい生地でできたグローブの中には、手のひらを横切るように硬い棒状の補助具が入っており、手を曲げやすくなっています」。しかし、その部分が関節に当たるのだ。

宇宙で頭痛？

調査によると、地球上では普段ひどい頭痛にはならない宇宙飛行士が、宇宙に行ったり国際宇宙ステーションに長期間滞在したりすると、「頭が割れんばかりの痛み」や「重苦しい感じ」を経験するという。原因は明らかになっていないが、考えられる要因はいくつかある。通常は下肢にある体液が体のほかの部位に移動することによる顔のむくみ、不十分な換気、そのほか、地球上で頭痛になるときと同じ要因もあるのかもしれない。

チームの分析によると、中手指関節を一周した長さが約23センチ以上の宇宙飛行士では、船外活動時に爪をけがする確率が19.6％だった。これはノーマン氏いわく「LからXLサイズ」だそうだ。一方、手が小さい宇宙飛行士の場合、任務中に爪が剥がれる確率はたったの5.6％だった。

冷えた手、負傷した爪

「驚いたのは、爪のけがは、爪が何度も当たることが原因だという従来の考えです。指が長ければグローブの先にも当たりやすいと思いますから」とフラッグスーツ社のホーマー氏は言う。

さらに、手の幅が関係しているという説についてはこう語った。「あり得ると思います。手が大きければ、そのぶん（中手指）関節が圧迫され、血流が阻害されるからです」

爪の下にある組織が損傷する原因としてほかに考えられるのは、指関節の血流が繰り返し阻害されては回復するといった場合

で、やはり爪甲剥離につながる恐れがある。そう考えると、ヒーター付きのグローブを装着しているにもかかわらず、なぜこれほど多くの宇宙飛行士が船外活動時に指先が冷たくなると訴えるのかの説明もつく、とホーマー氏は続ける。「この研究によって、この問題に取り組むためのまったく新しい方向性が見えてきます」。その鍵は、グローブの全部品を宇宙飛行士一人一人にぴったり合うように作ることだという。

オーダーメイドの宇宙服

船外活動に選ばれた宇宙飛行士のグローブを作る際、手の型を取るほか、レーザースキャンやコンピューターモデリングなどの特殊な技術を駆使し、内側の気密層をオーダーメイドで作る。しかし、外層は規定のサイズに分かれているだけで、ホーマー氏によれば、S、M、L、といった具合だという。

「気密性の高いグローブをオーダーメイドで作るには、10万ドルほどの費用を前払いしてもらわなければなりません。私が思うに、外層のオーダーメイドにも同じぐらいかかるはずです。実際の形状は外層によって決まるのですから」とホーマー氏は言う。

しかし、オーダーメイドにすれば問題が解決するとは限らない、とMITのニューマン氏は話す。「ぴったりした方が好きな人がいれば、余裕のあるほうが好きな人もいて、要望は人それぞれです。本当にぴったりしたグローブにすると、そのぶん（中手指関節が）圧迫されてしまいます」

新たな選択肢

ニューマン氏は、指の動きを補助するロボットアームをグロー

ブ内に組み込むというアイデアも一考に値すると見る。「たとえば、何かをつかもうとするときは、筋肉を使って加圧グローブの圧力に逆らっているわけです。でももし、グローブに小型のアクチュエーターが組み込まれていたら？ 指の力をあまり使わずにすみます。いい考えだと思いませんか」

ただし、ロボットアームを組み込んだグローブには、設計上の制約があるとつけ加える。「それでも、このアイデアには大きな夢があります。大掛かりでゴワゴワした宇宙服ではなく、軽量の服が皮膚に密着し、筋肉や骨と連係して動くのですから」

加えて、ニューマン氏らは全身にフィットする加圧式の宇宙服も試しているという。ガスによる与圧はせず、伸縮性のある素材でできた宇宙服でほぼ全身を覆うのだという。

「どのような方法であれ、何よりも大切なのは、グローブが作業の邪魔になるのではなく、役に立つようにすることです」とニューマン氏は話す。

本当の話
爪は、つけ根から先端まで伸びるのに6カ月かかる。

共感覚の秘密

　一見無関係な感覚が関連づけられる「共感覚」は、独創性を向上させている可能性があるという。

　色の音が聞こえたり、言葉の味を感じたりと、異なる感覚同士が結びつくような人たちが、脳の構造を解明する鍵を握っているかもしれない。

　感覚が融合してしまうこの状態は「共感覚」と呼ばれ、1812年にはすでに科学的な文献に記録が残っている。しかし、発見されてから長年にわたって広く誤解され、専門家の多くは軽度の精神障害だと考えてきた。

2の色は青

　「数字の"2"の色は青です。それだけではなく、2は男性で帽子をかぶり、数字の7に恋をしています」。こう語るのは、今回の研究チームのメンバーで当時カリフォルニア

ステーキなどの牛肉を味わうと、鮮やかな青が見えます。マンゴーシャーベットを食べるとライムグリーンの壁が目に浮かび、そこにはサクランボのように赤くて細い波線のしま模様が入っています。蒸したショウガ味のイカを食べると、明るいオレンジ色の泡でできた大きな玉が1メートルほど先の真正面に現れます。

ショーン・デイ
台湾の国立中央大学、言語学教授

大学サンディエゴ校（UCSD）にいたデビッド・ブラング氏だ。「こうした擬人化も共感覚なのかは定かではありませんが、多くの科学者が共感覚に関心を示してこなかった原因は、ここにあるのではないかと思います。つまり、共感覚の人たちが作り話をしていると思っていたのです」

かつて誤解されていた一因として挙げられるのは、共感覚者が語る感覚の融合状態があまりに詳細なので、当時は一部の専門家が共感覚を統合失調症などの精神障害と結びつけて考えていたことにある。また、かつては共感覚をある種の「退化」とみなし、進化における原始的な段階へ戻る過程だと捉える意見もあった、と研究チームのメンバーで、同じくUCSDの神経科学者ビラヤヌル・ラマチャンドラン氏は言う。

しかし、ここ30年で研究が進み、共感覚には身体的な原因があることを示す証拠が数多く発見されている。たとえば、共感覚者の脳では神経回路が一般の人と異なっている。また、共感覚は遺伝する確率が高いことから、遺伝的要因があるのではないかともいわれている。

じつは、このような不思議な感覚が進化の過程で消滅しなかったのは、独創的に考えることができるという利点があったからではないかと研究チームは見ている。「95〜99%の共感覚者は自身の共感覚が好きで、人生が豊かになったと言っています」とブラング氏は話す。

よりよい理解に向けて

現在では技術が進み、さまざまな方法で脳を調べることができるようになった。いずれも、ほんの10年前まで不可能だった方法だ。そんな技術の一つが「拡散テンソル画像（DTI）」で、脳の

さまざまな領域がどのようにつながっているのかを見ることができる。「共感覚者の脳では、融合している感覚同士のつながりが、通常より強いことがわかります」とブラング氏は話す。

感覚をつかさどる脳の領域のつながりをこのように視覚化すると、なぜ特定の共感覚だけが存在し、その逆のパターンはないことが多いのか説明できるかもしれない。たとえば、数字から色が思い浮かぶことはあっても、たいてい色から数字は思い浮かばない。さらにこうした研究によって、「人間は誰もが共感覚を起こす神経回路を持っているが、何らかの理由で抑圧されている」という一部の専門家が唱える説を検証することもできる。

共感覚の研究が前進している例として、研究者が当事者たちの声をどう聞けばいいかを理解し始めていることも挙げられる、と研究チームは見ている。

「当事者自身の話を聞くということは、20世紀半ばにはまったく行われていませんでした。しかし、20分間座って患者と話すだけでも、驚くほど多くの情報を得ることができます。当事者の体験を信じられるようになるのです」とブラング氏は言う。

独創性が向上？

現在は研究の結果、芸術家や詩人、小説家では共感覚者の割合が通常の7倍であることがわかっており、共感覚者は関連性の薄い考えを結びつけることに長けているとする仮説を唱える研究者もいる。

「以前、調査に協力してもらった小説家は、共感覚のおかげで、ふさわしい隠喩を選

本当の話

研究によれば、米国で共感覚をもつ女性の数は男性の3倍、英国では8倍であることがわかっている。

ぶことができると断言していました。言葉を思いつく前から、どのような色がその言葉に合うかがわかるのだと言います」とブラング氏は話す。

サバン症候群で共感覚がある人の場合、円周率を2万2514桁まで覚えるなどの驚異的な記憶力を発揮することがある。そのほか、非常に似通った色を見分けたり、並外れた触覚を持っていたりする共感覚者もいる。

このように研究が進んでいるにもかかわらず、共感覚には数多くの疑問が残っている。人間以外の動物にも共感覚はあるのか、脳内のさまざまな化学物質は共感覚にどう影響しているのか、具体的にどのような遺伝子の働きで、共感覚者の認知能力や独創性が決まるのか。さらに、ブラング氏はこんな疑問も持っている。「共感覚がこんなに素晴らしい能力なら、なぜわれわれみんなに備わっていないのでしょうか？」

共感覚を持つ著名人

ワシリー・カンディンスキー
(ロシアの画家、1866〜1944年)

オリビエ・メシアン
(フランスの作曲家、1908〜1992年)

シャルル・ボードレール
(フランスの詩人、1821〜1867年)

フランツ・リスト
(オーストリアの作曲家、1811〜1886年)

アルチュール・ランボー
(フランスの詩人、1854〜1891年)

リチャード・フィリップス・ファインマン
(米国の物理学者、1918〜1988年)

PART 3
動物の驚きの能力

可愛いもの、不気味なもの、ふわふわなもの、毒牙を持つもの。動物は実に多様だ。猛毒で死なないタテガミネズミのように不思議な体の仕組みを持ったものもいれば、血管の熱を感知する吸血コウモリのように気味の悪い特殊能力を持つもの、自分が生んだ卵を食べてしまうオナガカナヘビのように残酷な行動をとるものもいる。風変わりな動物は日々新たに発見され、そのどれもが驚きの能力を持つ。

致死毒を体に塗る
タテガミネズミ

東アフリカで起きた謎の死は、樹皮に含まれる毒を利用するタテガミネズミが原因だった。

ネズミを駆除する毒（殺鼠剤）は誰もが知っているだろうが、毒ネズミのことは聞いたことがあるだろうか？ 研究によると、東アフリカに生息し、ヤマアラシに似た外見のタテガミネズミは、針のような自分の毛に植物の猛毒を塗りつけ、武器として使う。近隣の猟師は、この毒を使ってゾウなどの大型動物を狩る毒矢を作る。研究者によれば、ほかの生き物が作った猛毒を利用する動物は、ほかに知られていない。

タテガミネズミの武器

タテガミネズミが毒を利用することは以前から推察されていた。タテガミネズミと戦ったイヌが後日病気になったり死んだりしたという話があったり、タテガミネズミの

本当の話
ウアバインやジギトキシンなどの化学物質は、心不全の治療薬として何十年も使用されてきた。

体色がほかの有毒生物同様に白黒で、明らかに警告色であるからだ。

しかしこれまで、夜行性のタテガミネズミがどうやって毒を手に入れているかは謎だった。研究者は、捕らえた野生のタテガミネズミに、サンタンカモドキ属（*Acokanthera*）の木の枝や根を与えてみた。この木は樹液にウアバインという毒を含んでいる。

すると、葉や実をよけて樹皮をかじり取り、よく嚙み始めた。そして、猛毒を含んでペースト状になった唾液を、脇腹にある針のような自分の毛に塗りつけた。のちに顕微鏡で調べると、この毛は中空になっており、毛細管現象によって、ウアバインが混ざった唾液を素早く吸い込むことがわかった。タテガミネズミを食べようと襲った捕食者は、この毒針で反撃されることになる。

タテガミネズミの体長は45センチほど、東アフリカに生息し、巣穴で暮らす。研究チームによれば、タテガミネズミが持っている武器は毒針だけではない。皮膚はとても丈夫で、頭蓋骨は「銃弾を2～3発受けても耐えられる」ほど頑丈に見える。これらのことからも、タテガミネズミが攻撃性を持たない動物ではないことがうかがえる、と論文の共著者ティム・オブライエン氏は話す。同氏は、この

人間に死をもたらす動物 ワースト5

1. **蚊**：媒介する伝染病で毎年200万人が命を落とす。
2. **インドコブラ**：インドでヘビに咬まれて死亡する事故の大半を占める。
3. **オーストラリア近海のハコクラゲ**：自然界でも最強クラスの致死性の毒を持つ。
4. **オーストラリアに生息するイリエワニ**：毎年2000人が犠牲になっていると考えられる。
5. **カバ**：アフリカでの犠牲者は、ほかのどんな哺乳類によるものよりも多い。

実験が行われたケニア、ムパラ研究センターの研究員で、野生生物保護協会（WCS）の生物学者でもある。タテガミネズミが、天敵と考えられるヒョウ、ミツアナグマ（ラーテル）、ジャッカル、リカオンなどから身を守るためには、持っている能力すべてが必要なのかもしれない。

麻痺毒

「ケニアが植民地だった時代には、この毒を使ってゾウを狩るのが得意な部族がいました。しかし、今では、この毒はサイの密猟に使われています」とオブライエン氏は言う。ウアバインは麻痺を引き起こし、量が多ければ心臓麻痺に至ることもある。

「タテガミネズミと戦ったイヌの症状はさまざまで、軽いものでも麻痺が2～3週間ほど続き、最悪の場合は死に至ることもあります」と同氏は話す。

　ほかの生物の毒を利用する哺乳類はタテガミネズミだけではない。たとえば、ヒキガエルの弱い毒を自分の体毛に塗るハリネズミや、ヤスデの毒を体毛にこすりつけて虫除けにするオマキザルなどが知られていると同氏は言う。「しかし、ほんとうに死んでしまうほど強い他者の猛毒を利用する動物は、ほかに例がありません」

タテガミネズミ自身が無事な理由

　今回の研究により、タテガミネズミの謎が一つ解けたが、別の謎は残る。たとえば、タテガミネズミ自身に毒が効かない理由は不明である。オブライエン氏によると、毒が唾液によって微妙に変化している可能性が考えられるという。

また、タテガミネズミの子どもが、どうやってウアバインのことを知るのかもわかっていない。親が子へ教えるのだろうか。あるいは、それぞれが自分の力で発見するのだ

> タテガミネズミについて明確にわかっていることは、毒が含まれる木を見つけてよく噛み、それを体毛の一部に塗るのは本能だということです。
> **ジョナサン・キングドン**
> オックスフォード大学研究員

ろうか。同氏はこう述べた。「まったくわかりません。タテガミネズミについて現在わかっているのはだいたいのことだけで、詳細はまだ何もわかっていないのです」

吸血コウモリの血管センサー

血が凍るような話かもしれないが、吸血コウモリには、相手の血管の熱を感知できる特別に発達した知覚神経がある。

ナミチスイコウモリは、非常に多くのことを顔の神経で感じ取っていることがわかった。獲物の血管がある場所を感知するのだ。ナミチスイコウモリの顔には、赤外線を感知するヘビのピット器官と類似の器官があり、これで大好物の血が流れる血管を見つけていることはすでに知られていた。だが、血管の場所を特定するメカニズムは、これまでわかっていなかった。

吸血動物の知覚能力

今回の研究により、ナミチスイコウモリの顔には、32℃以上の体温を感知できる特殊な神経が発達していることがわかった。「ナミチスイコウモリが、ほかに類を見ないさまざまな方法で、その独特な生活に適応してきたことは明らかです。これもその一例です」と論文の共著者で、米国メリーランド州ボルティモアにあるカーネギー研究所のゲノム科学の専門家ニコラス・インゴリア氏は話す。

ナミチスイコウモリの顔には、血管を感知できる神経がある。

　人間にも熱を感知する同様の能力はあるが、火傷するほど熱いストーブのような高温を察知できるにすぎない。この論文によると、ナミチスイコウモリには2種類の熱感知能力がある。一つは人間にもあるような危険な熱を感知する能力で、もう一つは獲物の血管に狙いをつける能力だ。

血に飢えた神経細胞

　同様の器官はこれまで3種のヘビでも確認されていた。しかし、1日か2日に1回は血を吸わなければ生きていけないナミチスイコウモリにとっては、特に必要不可欠である。「血管を感知する能力は、ほかの動物も持つ能力がきわめて発達したものです」とイングリア氏は話す。この超感知能力に関する遺伝子はほかのコウ

モリにもあるが、発現しているのはナミチスイコウモリだけだとみられる。

今回の研究では、ナミチスイコウモリの顔のピット器官につながる神経細胞を採取し、体内のほかの知覚神経細胞と比較した。その結果、血管を感知するピット器官の神経細胞は、痛みを感じ取る通常の神経細胞とは解剖学的に異なっていた。つまり、両者の神経細胞で、伝える情報が違うことがわかったと同氏は言う。また、ナミチスイコウモリの遺伝子を調べたところ、顔の熱感知に関する遺伝子は体全体から見つかった。そして、その遺伝子が発現することで、ピット器官に異なる種類の神経細胞が形成されることが明らかになった。

血栓溶解薬

ナミチスイコウモリの唾液に含まれる酵素デスモテプラーゼ（DSPA）を利用して、脳梗塞の治療薬が開発されている。DSPAには、血液を薄めて凝固を防ぐ働きがある。この働きは、ナミチスイコウモリが一噛みで、できるだけ多くの血を吸うために役立っている。脳梗塞を起こす血栓を溶かすために多く使われているtPA（組織プラスミノゲン活性化因子製剤）は、発症後3時間以内に投与しなければならず、治療が間に合わない場合も多い。一方、DSPAは発症後9時間以内に投与すればよいとされる。

動物界の悪母、ワースト4

動物界最悪の母親を考えてみよう。冷酷なのではなく、彼らなりの理由があるのかもしれない。

動物の世界には素晴らしい母親がたくさんいる。だが、ちょっと眺めたところでは、最高のお母さんというより、映画『愛と憎しみの伝説』に出てくるような悪母も多いようだ。まずはパンダの母親から見てみよう。

お母さん1
ジャイアントパンダの場合 可愛がるか、育児放棄か

「悪母」たるゆえん：ジャイアントパンダは双子を出産することがあるが、母親が両方とも面倒を見ることはまれだ。「人気者のパンダですが、悪母になることもあります」とカナダ、ウィニペグ大学の生物学者で『家族の自然史』の著者スコット・フォーブス氏は話す。パンダの赤ちゃんはとても小さくて無力だが、双子のうち1頭は何も世話してもらえないのが通常だ。

残酷な行動をとる理由：「気に入られた」赤ちゃんは可愛がられ、タケやササをたくさん食べて成長する。おそらく、赤ちゃんが完全に乳離れするまでの8〜9カ月間、双子とも養うのは難しいのだろうと同氏は言う。「将来のことを考えると、2頭の弱い子どもより、1頭でも丈夫な子どもを育てる方が得策なのでしょう。コストをかける前に、つまり多くの労力をかける前に、早めに品質管理が行われるのです」

子どもを可愛がる、よい母パンダもいる。

お母さん2

ハムスターの場合 子どもを食べる

「悪母」たるゆえん：ハムスターの母親は、可愛らしい外見に似合わず、冷血な殺し屋になることがある。よく自分の子どもを食べるのだ。

残酷な行動をとる理由：ハムスターの母親は、もっとも元気で強い子どもを優先し、そのほかを食べてしまう。これは、多くの子どもを育てるのではなく、大きく育てることを優先する「親の楽観主義」だと、フォーブス氏は考えている。「母親には、今後どれだけの食料を手に入れられるかがわかりません」と同氏は話す。「たとえ食料が足りなくなったり、子どもに障害があったとしても、強い子孫を確実に残すため、数匹の子どもを育てるのです」

食べようか？ 育てようか？ 子どもに近づく母ハムスター。

お母さん3

ウサギの場合
赤ちゃんと一緒にいない

「悪母」たるゆえん：ウサギの母親は、出産直後から赤ちゃんを巣穴に置き去りにする。その後25日間は餌を与えに巣穴に戻るが、それも1日にわずか2分ほどだ。この短い「ちょっと立ち寄る」育児期間が終わると、子ウサギは自力で生きていく。

残酷な行動をとる理由：ウサギは捕食者にとっておいしい獲物。特に無力な赤ちゃんは格好の餌食だ。母親は子どもを放置しているように見えるが、じつは地下の巣穴に子どもを隠し、大事な命を守っているのである。母子が一緒に過ごす時間は限られているが、その結果、生き延びる確率が高くなる。このことを母の日に思い出して欲しい。

お母さんはどこ？　ウサギの赤ちゃんは巣穴でお留守番が多い。

お母さん4

オナガカナヘビの場合
自己完結型の悲観主義者

「悪母」たるゆえん：素晴らしい母親を讃える「マザー・オブ・ザ・イヤー」の賞候補になるような爬虫類は滅多にいない。とりわけ、オナガカナヘビ（ムスジカナヘビとも）は、冷酷な爬虫類の母親のなかでも群を抜いている。産卵しても、周囲に天敵が多いと、卵がかえる前に自分で食べてしまう可能性が高い。

残酷な行動をとる理由：おそらく、卵や赤ちゃんが襲われる前に、別の機会に確実に子孫を残せるよう自身の力を蓄えているのではないかと、フォーブス氏は言う。「天敵に囲まれていては、無事に卵がかえって育つチャンスはないと判断し、卵を食べて栄養をリサイクルしているのです」

朝食にする？　オナガカナヘビは自分が産んだ卵を食べることがある。

PART3　動物の驚きの能力

超長距離を泳いだ
ホッキョクグマ

メスのホッキョクグマが、陸地や氷上で休むことなく687キロを泳ぎ切ったことが、研究により明らかになった。これは東京から函館までの直線距離に相当する最長記録だ。

今回のメスのホッキョクグマは、連続で9日間も海を泳ぎ続け、その距離は687キロにも及んだ。この壮大な遠泳が行われたのは、北極海の一部、ボーフォート海である。ボーフォート海では、地球温暖化の影響で海氷が減少し続けている。そのため、母グマが陸地や海氷にたどり着くまでに泳ぐ距離はどんどん長くなり、子グマの生命も危険にさらされている。

海氷域の縮小

たとえば、今回の母グマの子どもは、一緒に泳ぐ途中で命を落としたと見られ、泳ぎ終わった母グマが陸地で確認されたときにはいなかった。遠泳のあいだに、この母グマ

本当の話

ホッキョクグマの前足には小さな水かきがあり、これを使って泳ぐ。また、後ろ脚を舵のように使って泳ぐ方向を変えることもある。

海氷域の縮小に伴い、ホッキョクグマが泳がなければならない距離はどんどん長くなっている。

の体重は22％も減っていた。

「以前は、これほど長い距離を泳ぐ必要はなかったはずです。ホッキョクグマが地球上に誕生して以来、陸も氷もない海が687キロも続いているなんてことは、ほとんどなかったのですから」と論文の共著者で、ホッキョクグマの保護団体ポーラーベアーズ・インターナショナルの主任科学者スティーブン・アムストラップ氏は話す。同氏は、米国地質調査所（USGS）のホッキョクグマ研究の元プロジェクトリーダーでもあり、この研究もUSGSの主導で行われた。

　別のメスのクマが泳いだ期間は12日間を超えていたことが研究によってわかったが、途中で陸地や海氷を見つけ休んでいたとみられる。

泳ぐ距離が長くなり、死亡する子グマが増加

　研究チームは、メスのホッキョクグマ68頭に首輪をつけ、2004年から2009年の期間にクマの移動を追跡した。その結果、ホッキョクグマの専門家ジェフ・ヨーク氏が言う「技術と設計に関する不幸な出来事」のおかげで、ホッキョクグマの居場所のデータに欠けているところがあることに気がついた。同氏は論文の共著者で、世界自然保護基金（WWF）の生物学者でもある。その後、欠けていたデータは、ホッキョクグマが海にいた時期と関連があることがわかった。

　また、メスたちが50キロ以上泳いだ50件を超える事例に関してGPSデータを調べ、このデータと子グマの生存率との相関関係を検討した。「長く泳いだホッキョクグマのほうが、子どもの死亡率が高かったのです」と論文の共著者で、米国アラスカ州アンカレッジで研究を行うUSGSの動物学者ジョージ・ダーナー氏は話す。

　遠泳を始める前には子グマと一緒だった母グマ11頭のうち5頭が、再び陸地で確認されたときに子グマを連れていなかった、という研究が2011年にカナダのオタワで開かれた第20

新たな食糧源

ホッキョクグマは通常、冬になると海に出て海氷上でアザラシを狩り、春に気温が上がって氷が溶けると海岸に戻る。しかし、氷が溶ける時期は気候変動の影響で早まっており、ホッキョクグマは十分に食べないうちに早めに陸地に戻らなければならなくなっている。このように早まったホッキョクグマの上陸時期は、偶然にもハクガンの抱卵期と重なり、ハクガンの卵がとても美味しいことにホッキョクグマは気づいた。カナダのハドソン湾で生物学者ロバート・ロックウェル氏が行なった研究によると、ハクガンは絶滅の恐れがなく、その卵は栄養豊富で、アザラシに代わるホッキョクグマの貴重な食料源となり得るかもしれない。

回国際クマ会議で発表された。

海氷は減少の一途

　獲物となるアザラシが豊富にいるボーフォート海は、ホッキョクグマにとって重要な生息域だ。1995年までは夏でも、海氷がボーフォート海の大陸棚沿いに残っているのが通常だった。しかし今では、ボーフォート海や隣のチュクチ海の海氷は、沿岸から数百キロも後退していると、ダーナー氏は言う。

　米国コロラド州ボルダーにある国立雪氷データセンターによると、北極海の海氷面積は、長期にわたって減少傾向にあり、今後も数十年続く見込みだ。

　子グマは海で溺れているのだろうか。あるいは、凍てつく海での遠泳は代謝の負担が大きいため、陸地や海氷にたどり着いたあとで力尽きてしまうのか。そのことはわかっていない。

　同氏はこう述べる。「つまり、ホッキョクグマが長い距離を泳がなければならない状況は、将来も続く可能性が高く、子グマの死亡率が遠泳と直接関連しているとすれば、個体数の減少につながりかねません」

道具の使い方を"発明"した子ゾウ

7歳のアジアゾウがみごとなひらめきを見せた。ゾウの知能を見直す必要があるかもしれない。

動物園の若いアジアゾウがひらめいた。プラスチックのブロックを選んで道具として利用し、踏み台にして餌を取ったのだ。研究チームによると、ゾウが問題を解決するために頭の中でシミュレーションを行い、効果的な方法を考え出し、実行に移した、初めての報告例だという。

ゾウの問題解決能力

研究チームは、「カンジュラ」という名前の7歳のオスのゾウの行動を観察するために、カンジュラが届かない高さの木の枝に、好物の果物をワイヤーで吊り下げた。しばらくは考え込んでいるように見えたが、やがて大きなプラスチックのブロックを枝の下まで転がしてきて、前足を乗せて踏み台にし、鼻で果物をもぎ取った。その後も数日間にわたり、ブロックやトラクターのタイヤを使って、この方法を数回繰り返した。

論文の共著者で、米国ニューヨーク市立大学ハンター校でゾウ

とイルカの知能を研究しているダイアナ・ライス氏によると、カンジュラは、米国ワシントンD.C.のスミソニアン国立動物園で一番若いゾウで、それまで物を動かしてその上

> **本当の話**
>
> ゾウは、人間や大型類人猿、バンドウイルカとともに、鏡に映った自分を認識できる数少ない動物だ。

に乗り、何かを取ったことは一度もなかった。しかも、試行錯誤してその方法を見つけたわけではない、と同氏は言う。

自発的洞察力、すなわち物理的な問題を頭で考えて解決策をぱっと思いつく能力は、人間やカラス、チンパンジーなど、わずかな種でしか確認されていない、と同氏は続ける。

鼻がふさがってはダメ

研究チームは、カンジュラが果物を取るのに利用できそうな物をいろいろ用意した。たとえば棒を置いておけば、鼻でつかんで果物を叩き落とすだろうと考えたのだ。だが、カンジュラはそうしなかった。研究チームは当初困惑したが、棒を使う方法は、ゾウにとって不自然なのだと気がついた。

ゾウは、たとえば木の枝を孫の手のように使って背中を掻くなど、鼻で道具を使うことが知られている。しかし、餌を探すときは別だ。鼻の嗅覚と触覚に大きく頼って食べ物を探しているため、鼻で物をつかむと、棒がご馳走を探すときの邪魔になってしまうのだ。

「人間でいえば、まるで目が手のひらにあるようなものです。そんな手で道具をつかんだら、主要な知覚器官である目が見えなくなってしまいます」と論文の筆頭著者で、ニューヨーク市立大学のプレストン・フォーダー氏は説明する。

ゾウに訪れた「突然の啓示」

　最初の数回の実験では、カンジュラは近くにある棒やブロックを気にもとめず、ぶら下がる果物をただ見つめていた。「20分の実験を1日に1回行いましたが、7回目までは、餌を取るために道具を使おうとはしませんでした」とライス氏は話す。

「しかし8回目、ついに突然啓示を受けたかのように、ブロックにまっすぐ向かい、それを果物の下まで一直線に押してきたのです。そして、前足を乗せて踏み台にして、果物をさっと取りました。ゾウの頭の中を覗くことはできませんが、まっすぐにブロックを取りに行ったことを考えると、果物を取る工程を前もってイメージしていたのでしょう」とライス氏は語る。

　米国エモリー大学ヤーキス国立霊長類研究センターの霊長類学者フラン・ド・ワール氏も同じ意見だ。「目標物の近くにない道具を別の場所に探しに行くためには、必要な物をイメージし、探すべき場所を知っている必要があります。また、道具を探すためには、手に入れたい目標物から離れなくてはなりません。こうした行動はすべて、多くの動物の一般的な学習パターンをはるかに超えています」と同氏はメールで述べた。

「ゾウの因果関係の理解力や知能による問題解決能力は、大きな脳を持つほかの動物と比べても遜色ないことが、今回の研究で裏づけられました」と同氏は続けた。なお、同氏はこの研究には関与していない。

本当の話
ゾウは鼻をシュノーケルのように使って泳ぐことができる。

平均的なゾウよりも賢いのか？

　カンジュラより年上のゾウ2頭でも実験を行なったが、同様のひらめきは確認できなかった。「おそらく、それほど必死には果物を取ろうとしていなかったのでしょう。あるいは年齢に関係があるのかもしれません」ライス氏は話す。

　公平に見ても、カンジュラは極めて好奇心旺盛で非常に知能の高いゾウである、と論文の共著者で、スミソニアン国立動物園で動物飼育学の副ディレクターを務めるドン・ムーア氏は言う。「ゾウは総じて賢い動物ですが、その賢いゾウのなかでも、カンジュラの頭のよさはトップクラスだと思います」

　この発見により、絶滅の危機に瀕するアジアゾウの窮状について、意識が高まることを期待していると同氏は言う。「このような研究には、一般の人たちに動物をより身近に感じてもらう力があります。動物と人間には、それほど大きな違いはないとわかるからです。動物に共感できれば、もっと積極的に保護に取り組むようになるでしょう」

ゾウは決して忘れない

米国テネシー州にあるゾウの保護団体エレファント・サンクチュアリーの創設者キャロル・バックリー氏の報告によると、1999年、もともと飼育されていたゾウのジェニーと新たに引き取られたゾウのシャーリーは、初めて会ったときに興奮状態になったという。「シャーリーが大声で鳴き始め、ジェニーも鳴き始めました。鼻でお互いの傷跡を確かめ合っていました。あれほど激しく感情をあらわにするのは、攻撃するとき以外では見たことがありませんでした」と同氏は話す。あとでわかったことだが、2頭は、カーソン&バーンズ・サーカスの巡業で一緒に芸を披露していた仲間だったのだ。23年も前のことにもかかわらず！

冬眠中のクマが代謝を劇的に抑えられる理由

冬眠中のアメリカクロクマは、体温を少し下げるだけで、代謝を劇的に抑えられることが、研究により明らかになった。その原理を解明すれば、人間にも応用できるかもしれない。

アメリカクロクマは、長期間冬眠することで有名だ。北アメリカに生息し、一般的には飲食や排泄をせずに5〜7カ月も冬眠する。春になると巣穴から出てくるが、体には何の異常も見当たらない。この長期間の断食を生き抜くため、代謝、すなわち食物をエネルギーに変える化学反応を抑えていることがすでに知られていた。

そして、多くの動物と同様に、クロクマは体温を下げることで代謝を抑制していると推測されていた。温度が10℃下がるごとに、化学反応速度は半減するからだ。

代謝の抑制

しかしながら、アメリカクロクマにはこれが当てはまらないことが、2011年の研究で明らかになった。アラスカに生息するクロ

クマの冬眠中の体温は33℃ほど。普段より5〜6℃低いだけにもかかわらず、代謝は通常の25％にまで低下する。もはや死ぬ寸前である。

> **本当の話**
>
> アメリカクロクマの体毛はじつは黒くない。青灰色、濃紺、茶、薄茶、白（極めてまれ）である。

米国アラスカ大学フェアバンクス校の動物学者たちは、アラスカ州漁業狩猟局が捕獲した「迷惑な」クロクマ4頭を、研究のために引き取った。このように人間に近づきすぎたクマは、安楽死させるのが普通だ。

引き取ったクロクマに体温や心拍などを記録するさまざまな装置をつけ、フェアバンクス近郊に人工的に作った巣穴に移して研究を行った。巣穴を作った場所は、クロクマの自然の生息地によく似た手つかずの森だ。

冬眠中の心拍

その結果、クロクマの普段の心拍数は1分間に55回だが、冬眠中には9回にまで低下することがわかった。呼吸のあいまに、心臓の鼓動の間隔が20秒にもなることもあった。代謝が遅くなったため、心臓が体に送り届ける酸素の量が少なくてすむ

> **精霊のクマ**
>
> カナダ西海岸に長さ400キロにわたって広がる温帯雨林グレート・ベア・レインフォレストには、世界的にも有名なスピリット・ベア（精霊のクマ）と呼ばれる白いアメリカクロクマが多く生息している。このクマは、体毛が黒いアメリカクロクマの亜種とされており、潜性遺伝により白い体毛を持って生まれてきたものだ。同地域では、白いクロクマが、ほぼ40〜100頭に1頭の割合で見られる。両親ともに突然変異した潜性遺伝子MC1R（人間の赤い髪に関する遺伝子と同じもの）を持ち、それを両方とも子どもが受け継いだ場合にのみ、体毛が白くなると考えられている。

アメリカクロクマは北アメリカでもっとも広く分布しているクマである。

からだ。

「人間の場合、心拍の間隔がこれほど長くなれば、おそらく気絶するでしょう」と論文の共著者オイビンド・トイエン氏は話す。

代謝の謎

 アメリカクロクマの代謝が予想以上に低下するメカニズムは、まだほとんど解明されていないが、トイエン氏はいくつかの仮説を立てている。たとえば、長期間冬眠する哺乳類のマーモットの仲間は、消化器系を小さくすることで代謝を抑え、春がくればまた大きくする。クロクマにも同じような能力がある可能性もある。

「一般的に考えても、体温と代謝を別々に変化させることができるのは、クロクマの新たに発見された驚くべき能力です」と、ク

マの心臓が冬眠に耐えられるメカニズムを研究してきた米国カリフォルニア州立大学ロングビーチ校の生物学者ブライアン・ローク氏は語る。

また、クマは自分の必要性に応じて体温を調節できるという研究成果についても同氏は強調する。たとえば、ある妊娠中のメスの体温を調査したところ、ほかの冬眠中のクマほど大きく変動しなかった。おそらく、胎児を守るためだと考えられる。

人間にも応用可能か？

2011年に学術誌「サイエンス」で発表されたこのアメリカクロクマの研究は、人間にも実際に応用できる可能性があるとトイエン氏もローク氏も強調した。「冬眠する哺乳類が持っている能力の多くは、筋肉や心臓などの病気の治療に応用できるかもしれません」とローク氏は話す。

たとえば、冬眠中のように少量の酸素でも生存できるメカニズムを解明できれば、脳へ行く酸素が一時的に絶たれる脳梗塞の治療に役立つかもしれない。また、体温を下げずに代謝を抑制できる方法がわかれば、これを逆手に取り、効果的なダイエット法を開発できるかもしれない。

ローク氏はこう語る。「冬眠中の哺乳類のほぼすべての器官系の働きは、人間の生理とは著しく異なります。だからこそ魅力が多いのです」

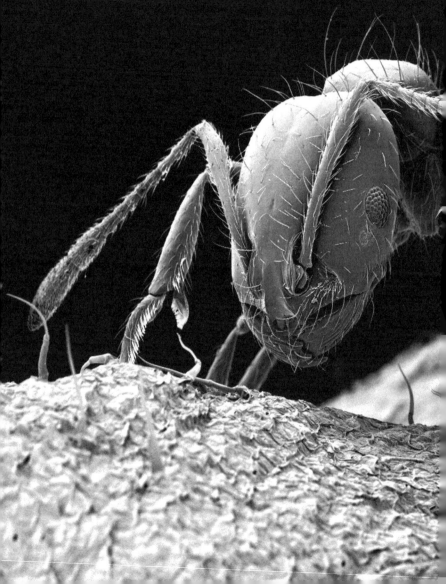

PART 4

虫たちの奇妙な世界

アリや毛虫、クモなど、ぬるぬる這ったりうるさく飛び回ったりする虫は、世界で一番素敵な生き物ではないかもしれない。しかし、不思議な面白さではトップクラスだ。昆虫にはそれぞれ奇妙なだけでなく感動すら覚えるような、並はずれた能力があることが明らかになっている。記憶力抜群のアシナガバチ、クローンが生殖するカイガラムシ、食べられても生きているカタツムリ、ゾンビ化するガの幼虫など……。この章でその魅力に触れてほしい。ハエたたきが手放せなくなるかもしれないが。

アシナガバチは
互いの顔を見分ける

　もしあなたが人の顔を覚えるのが得意ならば、動物に仲間がいる。アシナガバチだ。

　アシナガバチの一種（*Polistes fuscatus*）は、互いの顔をかなり正確に見分けて記憶できることが研究で明らかになった。
　一般に、生物が同種の個体を識別する手段にはさまざまなものがある。人間のような種では、顔の認識がとりわけ重要であると、論文の共著者である米国ミシガン大学アナーバー校のマイケル・シーハン氏は述べている。「複数の研究が示しているように、人の脳は、顔とそれ以外の像をまったく違う方法で処理します。顔だけが特別扱いなのです。今回のアシナガバチの一種も同じであることが判明しました」

顔を覚えることで報酬が

　シーハン氏と当時の指導教員のエリザベス・ティベッツ氏は、このアシナガバチの一種と、その近縁種ではあるが社会構造はずっと単純な、別のアシナガバチの一種（*Polistes metricus*）との比較実験を、T字形の迷路を使って行った。迷路には全体に弱

い電流が流れているが、T字の横棒の片側は電流の流れない安全地帯になっている。T字の縦棒部分に1匹のアシナガバチを入れ、同種の2匹の顔写真を見せる。1匹の写真は左、もう1匹は右だ。顔写真は、どちらに行けば安全地帯に行けるかを示す道しるべになっている。この論文は「サイエンス」誌で発表された。

> **本当の話**
> スズメバチの仲間の成虫は、巣から出られない幼虫に餌を運ぶ代わりに、幼虫が出す甘い分泌液を餌にする。

写真と安全地帯の場所は頻繁に入れ替えたが、安全地帯につながる顔の写真は変えなかった、とシーハン氏は説明する。「するとアシナガバチは、この顔の方に行くとよいことがあるが、もう一方の顔は役に立たないと学習しました」

同様の実験を、顔以外の単純な図形の画像を使って行ったところ、学習のスピードが極端に落ち、正解率も下がった。このことから、アシナガバチが顔に特別な反応を示すことが裏づけられた。

顔の識別は何のため？

この実験のアシナガバチは、互いの顔を見分けて記憶できるうえに、それぞれ個性的な顔をしている。これは、この種が複数のコロニーで構成される社会構造をつくっていることと関係があるのではないかとシーハン氏は考えている。

「女王バチが複数いて、全員が自分の子孫を増やしたい、優位に立ちたいと思っています。そこで互いを認識できれば、どちらがすでに勝負に勝っているか、階層の上位にいるかがわかり、余計な争いを避けられます。相手を認識できないときには攻撃性が増

すことが、以前の実験で確かめられています」

これに対して、比較した別種のアシナガバチは、コロニーに女王が1匹しかいないため、互いを見分ける必要はなさそうだ。予想通り、こちらのハチはみな同じような見た目をしており、顔を覚える能力も一方のアシナガバチほど高くないという。

ヒツジの社会

ヒツジにも顔を認識する能力があるという。英国の科学者らが、ヒツジは少なくとも50匹の仲間の顔を見分け、2年以上覚えていられることを確かめた。「それほどの顔認識能力があるとすれば、ヒツジはこれまで考えられていたよりはるかに高い社会的能力を持っているに違いありません」と、論文の著者、キース・ケンドリック氏は述べている。予備研究では、ヒツジが仲間のいないところでその姿を思い描けることも示されている。このようなヒツジやアシナガバチなどの観察は、顔認識ソフトウェアの開発にも役立てられるだろう。

人とアシナガバチの類似点は？

シーハン氏は、人とアシナガバチで、顔の認識がどのように行われているかを比べてみたいと考えている。哺乳類とハチでは目の作りが大きく異なるうえ、ハチの脳ははるかに小さく、領域化も進んでいない。

「人の顔認証に関する論文は何千とありますが、アシナガバチについてはこれからです」

毛虫を操る ゾンビウイルス

この恐ろしいウイルスは、たった一つの遺伝子でガの幼虫の脳と体を乗っ取り、ついには液状にしてしまう。

ウイルスがガの幼虫を「洗脳」するために使う遺伝子を特定したという論文が発表された。このウイルスは「ゾンビ化」した幼虫を木に登らせ、そこで宿主である幼虫の体をドロドロに溶かしてまき散らす。

異常な行動

「マイマイガの幼虫は、健康で正常な状態であれば、夜中に木に登って葉を食べ、朝には木から降りて、日中は（樹皮の裂け目や土の中に）隠れて捕食者から身を守ります」と、論文の共著者である米国ペンシルバニア州立大学の昆虫学者ケリ・フーバー氏は説明する。

ところが、バキュロウイルスという節足動物に感染するウイルスに感染すると、幼虫は木の上に登ってじっとしているよう

本当の話
チョウやガの幼虫の筋肉は人間より多い。

にプログラムが書き換えられてしまう。結末はまるでホラー映画だ。「感染した幼虫は、症状が悪化すると木から降りなくなり、そこで死にます」

「ウイルスは、しまいには幼虫のほぼ全身に増殖します。するとウイルス内の別の遺伝子が働いて幼虫の体を溶かします。無数のウイルス粒子を蓄えた幼虫の体は、下の葉にしたたり落ち、その葉を食べた別の幼虫を感染させるのです」

アリの災難

中南米に生息するアリの一種は、ある寄生虫に感染されると腹部が膨らんで赤くなる。これを果実と間違えて鳥が食べることで、寄生虫が鳥の体内を通過して、木の葉の上に排泄される。ほかのアリがその葉を食べると感染が広がっていく。昆虫生態学者のスティーブ・ヤノビアク氏は、次のように説明する。「どういうわけか、この寄生虫は次々と新しいコロニーに感染しないと死んでしまうようです。そのため新しいコロニーに移動する仕組みが必要なのでしょう」

見事な操縦

　幼虫をゾンビ化するウイルスの存在は以前から知られていたが、その遺伝子については謎だった。そこでフーバー氏らは、マイマイガの幼虫を数種類のバキュロウイルスに感染させ、底に餌を置いた背の高い瓶に幼虫を入れて実験を行った。「egt」という遺伝子を持つバキュロウイルスに感染した幼虫は、容器の最上部に登り、死ぬまでそこから動かなかった。

　次に、一部のウイルスからegt遺伝子を取り除いて幼虫に感染させたところ、このような行動は起こらなかった。もともとegt遺伝子を持っていないウイルスにegt遺伝子を組み込んだときには、ゾンビ行動が始まった。

「ウイルスはこの遺伝子を何らかの形で使って幼虫の行動を操

り、感染を広げるのに都合のよい場所に行かせ、新しい宿主に感染します。驚くべきことです」とフーバー氏は言う。

 egt遺伝子には、宿主の脱皮ホルモンを不活性化する働きがあるのかもしれない。そうすると幼虫はいつまでも餌を食べていることになり、大きくなり続け、より多くのウイルスが作られる。この状況は、ウイルスにとっては好都合であると、「サイエンス」誌に発表された論文は述べている。

マイマイガの天敵

 フーバー氏によれば、バキュロウイルスには多くの種類があり、ほぼすべてのチョウやガの幼虫が、その少なくとも1種類に感染する。しかし、自然に存在するこれらのウイルスは、マイマイガの種全体には大きな影響を及ぼしていない。マイマイガは周期的に増減する傾向があるが、幼虫の数が少ないときにはウイルスも減る。

 反対にマイマイガが勢力を拡大すると、ウイルスも急激に増え、幼虫の大発生を防ぐ自然のメカニズムが働く。「バキュロウイルスは、マイマイガの幼虫と一緒に北米にやって来たと考えられます」とフーバー氏は言う。「マイマイガにとってはまさに天敵です」

地中深くに潜む「悪魔の虫」を発見

地下の深部で、高温と高圧に耐えられるように進化した線虫がいた。

地下数キロの深さにすむ「悪魔の虫」が見つかっている。地中にすむ動物のなかでは最深記録だ。ドイツのファウスト伝説に登場する悪魔、メフィストフェレスの名の一部をとってハリケファロブス・メフィスト（*Halicephalobus mephisto*）と名づけられたこの線虫は、私たちの足下に、まだ知られていない豊かな生物圏が存在することを教えてくれる。

地下の生活

この線虫が地下3.6キロの深さにいるらしいとわかるまで、線虫の仲間は地下数十メートルまででしか確認されていなかった。それより深い場所に生息することがわかっていたのは、細菌だけだ。発見された体長0.5ミリの線虫は、この微生物を餌にしていることが判明した。

「小さな話に聞こえるかもしれませんが、私にとっては、湖で暮らすクジラを見つけたようなものです。この線虫は餌の細菌の何

百万倍も大きいのですから」と、研究の共著者である米国ニュージャージー州プリンストン大学の地球微生物学者タリス・オンストット氏は語る。

過酷な環境に適応して進化

オンストット氏と、ベルギーのゲント大学の線虫学者ハエタン・ボルホニー氏は、南アフリカの金鉱の底でこの線虫を発見した。しかし、線虫が抗夫の靴などについて持ち込まれたのか、それとも岩の中から出てきたのかは確かめられなかった。

そこでボルホニー氏は、1年かけて金鉱の奥深くの水脈までボーリングし、くみ上げた水をこして中に線虫がいないか探した。そうして合計3万1582リットルもの水を調べた末に、地下深くの岩から取った試料の中に線虫を発見した。

さらには、この線虫が何千年も前からこの場所にいた証拠も得られた。線虫が見つかった水の同位体年代測定から、この水が3000年から1万2000年前のものであると特定されたのだ。これは、線虫が地下深部の高温と高圧に耐えられるように進化してきたことを示している。

「ボルホニー氏のような線虫の専門家にとっては驚くほどの発見ではないかもしれませんが、私にはまさに衝撃的でした」とオンストット氏は話す。「多細胞生物の分布境界線が、地球の奥深くへと大きく広がったのですから」

> もしも火星で生命が誕生し、今も地中深くで生息しているとしたら、私たちが想像しているものより複雑な生命体へと進化を続けているかもしれない。
> **ハエタン・ボルホニー**
> ゲント大学、線虫学者

地球の外にも可能性が？

本当の話
これまで最深の海で確認された魚は、太平洋の水深8178mで撮影されたシンカイクサウオである。

オンストット氏は、この発見によって、極限の環境に生息する複雑な生命体の研究が進むことを期待している。それは地球上に限らない。「火星のような惑星の地下に生命体が存在するとしたら、細菌しかあり得ないと普通は考えられています。今回の発見は、これに疑問を投げかけるものです。小さな緑の微生物ではなく、小さな緑の多細胞生物を探そうというアイデアを否定すべきではありません」

鳥に食べられても生きているカタツムリ

野生の王国では、ほかの動物に食べられると、消化されて死ぬことになっている。ところがこの恐るべきカタツムリの仲間は、鳥の食道を通り抜けて生還する。

その小型のカタツムリの仲間は、鳥に食べられ、糞と一緒に出てきたあとも元気に生きているという。

消化管を生きたまま通過

きっかけは、小笠原諸島の母島に生息する鳥の糞を調べていた研究者が、糞の中に、カタツムリの仲間であるノミガイ類の殻を多く発見したことだった。しかも殻のなかのいくつかは、そのままの形で残っていた。小笠原諸島の母島などではノミガイ類が普通に見られる。

そこで、当時東北大学の大学院生だった和田慎一郎氏らは、メジロに100匹以上のノミガイ（*Tornatellides boeningi*）を餌として与える実験を行った。また、

> **本当の話**
> カタツムリは、カミソリの刃の上を這っても傷つかない。

PART4 虫たちの奇妙な世界

やはりノミガイを食べることで知られるヒヨドリにもノミガイ55匹を与えた。この実験に使ったノミガイは、本州中部から沖縄に分布する2.5ミリほどのカタツムリの仲間である。

その結果、どちらの鳥の場合も、およそ15％のノミガイが、鳥の消化管を生きたまま通過していた。1匹などは排泄された直後に産卵しており、この災難にまったく動じていないようだった。

鳥に運ばれて移住？

鳥の消化管を通過するのに30分から2時間ほどかかるため、その間に鳥が移動すれば、ノミガイは鳥の消化管の中で運ばれ、偶然新しい場所に移りすむ可能性がある。和田氏らのチームは、野生のノミガイ集団の遺伝子解析を行って、それらが一つの大きな遺伝群の一部であることを明らかにした。そして、最初のメジロの糞に含まれていなかった、あるいは含まれていても殻が割れていたノミガイ類は、遺伝的に孤立している度合いが高く、言い換えればあまり別の地域に移動していないことも突き止めた。

とはいえ、このような移動には限界があるという。鳥が消化にかける時間はさほど長くないため、「この方法で、群島の外までノミガイが移住するのは難しいと思われます」と和田氏は電子メールでの取材に答えている。

生還の秘密

しかしわからないのは、ノミガイの仲間が食べられたあと、どうやって生きているかだ。体が小さいために殻が割れにくいのかもしれないが、消化管の中を通過するのはどんな生き物にとっても決して楽な旅ではないはずだ。

和田氏は、このノミガイが多くの陸貝と同様に、殻の口に冬蓋(とうがい)と呼ばれる粘液を固めた膜状の蓋をすることができる点に注目する。「これが大きな要因かもしれません。殻と冬蓋で、消化液にさらされるのを防いでいると思われます」

死んだはずのクモが「復活」

溺れて動かなくなった数百匹のクモが、なんと数時間後に息を吹き返して科学者を慌てさせた。

研究室で溺れ死んだはずのクモが、数時間後、まるでゾンビのようにぴくぴく動いたかと思うと歩き出した。これには科学者も驚いた。仮死状態になったことで、水中で何時間も生き延びられたとみられている。

この思いがけない発見は、クモが水中でどのくらい生きられるかを正確に計る実験の途中に起こった。クモや昆虫のなかには溺れてもなかなか死なないものがあることは、以前から知られていた。

眠れる森のクモ

実験の主な目的は、ひんぱんに氾濫する湿地に生息するクモが、森林地帯のクモより長く水中で生存できるように進化しているかを調べることだった。

フランス、レンヌ大学の科学者

本当の話

コモリグモの仲間のオスの寿命は1年以下。一方メスは、種によっては何年も生きられる。

らは、塩性湿地から2種、森林から1種、計3種のコモリグモの仲間を採集した。それぞれ120匹のメスを海水に浸し、2時間おきにブラシで揺すって反応を見た。

予想されたとおり、森のコモリグモ（*Pardosa lugubris*）は24時間後にはすべて死んだようだった。塩性湿地のコモリグモ2種ではこれより長く、一種（*Pardosa purbeckensis*）は28時間、もう一種（*Arctosa fulvolineata*）は36時間かかった。研究者らは死んだクモの体重を量ろうと、水から出して乾かしておいた。すると奇怪なことが起こったのだ。

すっかり元気に

数時間後、クモはぴくぴくと動きだし、歩き始めた。「節足動物が水底で仮死状態になった挙げ句に生き返るなんて、初めて知りました」と研究チームのリーダーで、当時はベルギーのゲント大学に在籍したクモ学者のジュリアン・ペティヨン氏は話す。

湿地に生息し、死んだと思われるまでに36時間かかったコモリグモの仲間は、多くの場合、2時間ほどで蘇生することがわかった。野生状態では、このクモは湿地に水が溢れている間も逃げようとしない。これに対して、塩性湿地にすむもう一方のクモは、水が増えてくると草や木に登って避難するのが普通だ。

これらのクモが水中でも生き延びられるのは、代謝プロセス、すなわち身体の生命維持に必要なエネルギーの供給方法を、空気を必要としない方法に切り替えられるからではないかと研究者らは推測している。どのような仕組みにせよ、このクモだけではないだろう、とペティヨン氏は言う。「私たちがまだ知らないだけで、ほかにも同じことができる動物がたくさんいるかもしれません」

父親のクローンと子をつくる昆虫

メスの体内で、その父親のクローンが成長して精子を作る昆虫が現れた。少なくともこの種では、いずれオスは不要になるのかもしれない。

ワタフキカイガラムシの仲間で、イセリアカイガラムシという体長5ミリほどの有名な農業害虫がいる。この昆虫で珍しい現象が観察されている。受精卵からメスの個体が発生するとき、余った精子が、その個体の体内に入り込んで組織に成長するのだ。

この組織は、遺伝的には発生したメスの父親と同一である。それが寄生虫のように子どものメスの体内にすみ着き、その体内で卵子に受精する。娘はいわば雌雄同体となり、娘から生まれる子にとっては、父親が同時に祖父でもあることになる。

オスはいらない？

イセリアカイガラムシの生殖がこの形にすべて置き換わったわけではないが、「寄生的なオスは、伝染病のように急激に増えています」と、研究のリーダーである英国オックスフォード大学の

進化理論学者アンディ・ガードナー氏は話す。
「この傾向は、いったん個体群の中で生じると一気に拡大し、すべてのメスが寄生的なオスを宿すようになります。すると、普通のオスの存在意義は失われてしまいます」。また、この寄生的なオスが、次世代のメスに伝えられるようになれば、普通に生まれたオスが成長し、精子を作って卵子を受精させる必要もなくなるかもしれないと言う。

> **本当の話**
>
> イセリアカイガラムシは柑橘類の主要害虫である。この虫を捕食するベダリアテントウは、生物農薬として世界中で利用されている。

　ガードナー氏と米国マサチューセッツ大学のローラ・ロス氏は、個体群モデルを作って、この伝染性の組織が体内にすみ着いたときに、メスにどのような影響が生じるかを予測した。結果は、メスにとって伝染は有利に働き、オスは必要なくなるというものだった。この研究は、「アメリカン・ナチュラリスト」誌で発表された。

まだ謎の多い無性生殖

　この種全体でオスが減少する具体的な時期はわからないものの、長い目で見て、無性状態になることはイセリアカイガラムシによい結果をもたらさないだろう、とガードナー氏は考える。
「たとえば、動物の種のうち30％は無性生殖ですが、そのほとんどが比較的最近起こった進化の結果であり、急激に絶滅するように思われます。自分だけで生殖するのでは、通常の交尾の場合と違い、変化に適応できる変異種が生じません」
　雌雄による生殖には明らかな利点があるとガードナー氏は言

う。子孫が遺伝子の新しい組み合わせを獲得することで、種全体として環境の変化に耐えられるのだ。

　昆虫全体では、雌雄同体が知られるのは3種のみ、それもすべてカイガラムシの仲間である。なぜこれほど少ないのかは謎だ。昆虫の性決定のメカニズムは多様であり、自然界にあるほぼすべての生殖形態が確認されている。未受精卵からオスが発生する種までいるという。

　ややこしいことに、カイガラムシは本当の意味での雌雄同体ではない。「実際には一つの体の中に二つの個体が存在しています。そこがまた興味深いところです」とガードナー氏は言う。「今はまだわからないことばかりで、暗闇で手探りしている状態です」

> 寄生的なオスは、伝染病のように急激に増えています。この傾向は、いったん個体群の中で生じると一気に拡大し、すべてのメスが寄生的なオスを宿すようになります。すると、普通のオスの存在意義は失われてしまいます。
>
> **アンディ・ガードナー**
> オックスフォード大学、進化理論学者

スズメバチの
アリ投下攻撃

ピクニックで寄ってくるアリに悩まされている人に朗報だ。論文によると、スズメバチがアリを追い払うよい方法を考え出したらしい。

ニュージーランドの科学者が、野生の昆虫で行った実験で、この国では外来種のキオビクロスズメバチ（*Vespula vulgaris*）と在来種のアリの一種（*Prolasius advenus*）が餌を奪い合う様子を観察した。スズメバチはアリが群がる餌の山に近づくと、1匹をくわえて離れたところへ飛んで行き、生きたまま落とした。

「私たちが知る限り、これまでこのような行動が報告されたことはありません」と、論文の共著者である同国ビクトリア大学ウェリントン校の生物学者ジュリアン・グランジエ氏は言う。

大きい方が悪者とは限らない

北米原産のキオビクロスズメバチは、1970年代に偶然ニュージーランドに持ち込まれた。花蜜やほかの昆虫を餌にし、生きた獲物を捕ることも死骸を食べることもある。グランジエ氏と同僚

> **本当の話**
> 実はスズメバチの仲間の多くは集団行動をせず、刺すこともない。

のフィリップ・レスター氏は、外来種のスズメバチと在来種のアリの一種が、この国のブナ林で貴重なタンパク源をめぐって争っているのではないかと考えた。

そこで2人は、このアリとスズメバチに、高タンパクの餌として缶詰のツナのかけらを与える実験を行うことにした。ブナの自然林の中の48カ所にこの餌を置き、それぞれの近くにカメラを設置した。そのうち45カ所にスズメバチとアリの両方が現れ、同時に居合わせた場面も1295回撮影された。

ほとんどの場合、スズメバチもアリも互いを避けるか無視したが、アリがこの大きな虫に体当たりする、咬みつく、蟻酸を吹きかけるなどの攻撃を仕掛けたことが341回あったと記録されている。蟻酸はアリなどの毒腺に含まれる防御液である。

スズメバチが攻撃したのは90回だけで、そのうち62回でアリを落とした。残りの28回は、同じように攻撃したが失敗したようだった。「スズメバチから見て体が200分の1の大きさしかないアリが、手ごわい競争相手になることもあるのかと驚きました」とグランジエ氏は語る。

蟻酸が原因？

多くの場合、アリはスズメバチによる投下攻撃に抵抗せず、くわえられ、運ばれるままにしていた。アリが暴れたのはほんの数例だった。

研究チームの見解によれば、スズメバチが自分よりずっと小さなアリを殺さずに落とすだけなのは、蟻酸による防御が原因と見

られる。グランジエ氏は言う。「スズメバチは、単に自分の身を守るために、アリを潰さずにできるだけ遠くまで運んで落とすのでしょう。有害物質に触れる危険を避けようとしているのです」

餌を探して

1900年代に北米の太平洋岸北西地域からハワイに偶然持ち込まれたクロスズメバチの一種（*Vespula pensylvanica*）は、驚くほどさまざまなものを餌にする。成虫は花蜜を吸うだけだが、育ち盛りの幼虫にはタンパク源として、殺した獲物や見つけた死骸も与える。「普通は獲物を大あごでくわえて運びます。肉団子状にした獲物をくわえて飛んでいるのを見ることもあるでしょう」と話すのは、論文の主執筆者であるエリン・ウィルソン氏だ。研究チームは、このスズメバチが捕食する動物がキジラミ、クモ、ネズミ、ヤモリなど14もの分類群に及ぶことを明らかにした。

世界一大きな精巣の持ち主

キリギリスの一種が、体重と比較した精巣の大きさで世界チャンピオンに。

チューベラス・ブッシュクリケット（*Platycleis affinis*）という英語名のキリギリスの一種が、体重比での精巣の大きさで世界記録を更新した。ところで精巣の大きさと生殖能力にはどのような関係があるのだろうか？

精子を作る

このキリギリスは、精巣（精子を作る器官）の重さがオスの体重の14%を占める。第2位のミバエ（*Drosophila bifurca*）では約11%だ。

「この大きさには驚きました。まるで腹部のほとんどが精巣のようです」と、研究のリーダーである英国ダービー大学の行動生態学者カリム・バヘド氏は語る。

しかし、このヘビー級チャンピオンのパンチは見た目ほど重

> **本当の話**
>
> コオロギは複数の方向を同時に見ることができる。

くない。1回の射精量は少なく、驚くことに、もっと精巣が小さいほかのキリギリスよりも少ないという。

理想的な被験者

　研究のため、バヘド氏らはヨーロッパ各地で採集した21種のキリギリスの標本を解剖した。バヘド氏によれば、キリギリスは効率的な交尾をするため、生殖の進化を研究するには最適なのだという。たとえばオスは精子を「精包」というカプセルに入れてメスに渡すため、研究者にとっては採取がしやすい。「哺乳類では、コンドームのようなものを使わないと射精量の測定ができませんから」

　メスのほうも精包を一つずつ別の袋で保管するので、それを数えれば交尾した回数がわかる。予想されたとおり、メスの交尾回数が最も多い種は、オスの精巣もいちばん大きかった。この論文は、「バイオロジー・レターズ」誌で発表された。

　ただし、キリギリス21種のなかでは、精巣が大きいほど1回の射精量は少ないことも判明した。これはほかの動物、とりわけ哺乳類とは逆である。精巣が大きいほど、1回の射精で放出される精子の量も多いというのが、これまでの研究結果だった。宝くじをたくさん買うほど当たる確率、つまり受精する確率が高くなるからだと、バヘド氏は説明する。

大きな精巣は何のため？

　考えられるのは、メスが多数のオスと交尾する社会では、オスも続けて複数のメスと交尾できるように、大きな精巣に大量の精子を蓄えるのではないか、ということだ（チューベラス・ブッシュ

クリケットのメスは、成虫になってから死ぬまでの2カ月間に、平均で11回交尾する)。バヘド氏は、このような発想の転換によって、脊椎動物についても再考が促されるべきだろうと指摘する。

「地球上に生きる生物のなかで、昆虫は間違いなく主要な分類群の一つです。にもかかわらず、脊椎動物の研究から導き出された結論があらゆる生物に当てはまるかのように考えられる傾向があります」

動物の奇妙な生殖器

1. オサムシには精巣が一つしかない。理由は不明だ。
2. げっ歯類ではペニスが長いほうが有利。
3. 産業汚染物質のせいで、ホッキョクグマのペニスが小さくなっている。
4. カモのなかには、膣が時計回りのらせん状、ペニスが反対回りのらせん状になっている種がある。気に入らないオスが近づくと、メスは膣の筋肉を収縮させて、ペニスの挿入を防ぐ。
5. 脳が大きいコウモリほど精巣は小さい。

英国エクセター大学の進化生物学教授デビット・ホスケン氏も、確かに精巣の大きさについて研究するときには、交尾回数も考慮する必要があることを科学者は覚えておくべきだと同意する。ただし、この発見自体はさほどの驚きではないが、と電子メールで付言している。「交尾回数が多いほど、精巣が大きい個体が有利になって残ったのでしょう。しかし、ほかの多くの種では、交尾の回数より、1回の射精量を増やして精子競争に勝つほうが効果的だと思われます」

キリギリスの不思議な生殖器

バヘド氏は、キリギリスのオスにある「チタレイター」と呼ばれる硬いペニスのような交尾器についても調べている。この交尾器には多くの場合トゲがあり、メスを刺激する、つかまえておく、

またはその両方の目的で使われている可能性がある。

ちなみにこの分野では、最大の精巣をもつキリギリスはあまりぱっとしないようだ。

> **本当の話**
>
> メスのコオロギは鳴かない。オスは左右の前翅を持ち上げてこすり合わせることで音を出す。

「トゲのあるチタレイターを2本持っている種などと違い、特に変わったところはありません」

PART 5
あの謎の真相に迫る

本章では、伝説的な怪物、謎の生物や陰謀説を取り上げる。解明されてこなかった数々の謎は、探究好きな人々の心をつかみ、虜にしてきた。北米の森にはビッグフットがうろついているのか。チュパカブラの目撃情報があいつぐのはなぜか。アポロ計画はねつ造だったのか。噂の真相を検証する。

ビッグフット発見騒動

二人の男が北ジョージアの森でビッグフットに出会ったと吹聴した。それは、すべてが手の込んだ作り話だったのだろうか。

ビッグフットと呼ばれる、猿人に似た北米の伝説の生き物の探索は、なんといまだに続いている。かつて二人の男が、米国ジョージア州北部の森で、身長2メートルのビッグフットの死体を発見したと主張したが、その証言を裏づける証拠は見つかっていない。

二人が死体の公開を拒み、提供された遺伝子サンプルから人間とフクロネズミのDNAしか検出されなかったため、ビッグフット発見はでたらめだと一蹴された。

ビッグフットに遭遇した経緯

マシュー・ウィットン氏とリック・ダイアー氏は、米国カリフォルニア州パロアルトで大勢の報道陣を前にして、二人の発見について語った。その舞台には、ビッグフットハンターで、物議を醸しているトム・ビスカルディ氏もいた。ウィットン氏は、ダ

イアー氏と二人で「サスカッチ」とも呼ばれるビッグフットの死体を発見した経緯について、説得力のある説明をした。春の終わりにジョージア州の森を散策しているときに川沿いで見つけたのだという。

　ウィットン氏は、ダイアー氏がトラックを取りに行っている間、9時間にわたって死体を見張っていた。ダイアー氏が戻ると、二人は重さ230キロの毛むくじゃらの死体を引きずって森の中を移動し、トラックまで運んだという。その間ずっと、3頭の生きているサスカッチが二人を尾行していたらしい。

「森から運び出している間、ずっと我々を物陰で見ていたのさ」と話すウィットン氏は、ジョージア州の休職中の警官だ。トラックに到着すると、ビッグフットの死体を冷凍し、すぐにビスカルディ氏に連絡を取ったのだという。

証拠が弱い

「世界一のビッグフットハンター」を自称する二人は、ビッグフットの死体を見せるよう、記者会見で繰り返し要求されたが断った。代わりに、ビッグフットの口と舌を写した偽の写真と、森の中を毛深い生き物が歩いているピンボケの写真を配った。

　記者やビッグフットの研究者は、三人の示した証拠写真を見てひどく落胆した。「最初にこの話を聞いたときには、本当ではないかと期待していました」と、米国アイダホ州立大学の人類学者でビッグフットの研究をしているジェフ・メルドラム氏は言う。「でも、あのビスカルディ氏が一枚かんでいると知って、あっという間に期待がしぼみました」

　専門家でもアマチュアでもビッグフット研究者の間では、ビスカルディ氏は評判が悪いのだとメルドラム氏は話す。メルドラム

> はるか西の山の中に巨人が住んでいると、彼らは信じている……。巨人は人をさらう。夜になって人々が寝静まると、小屋に入ってきて連れ去るのだ……人々を起こすことなく、自分のすみかに連れていく……。目覚めているときに巨人が近くに来れば、とても我慢のできないような悪臭がして、たちまちわかるという。
> **エルカナ・ウォーカー**
> ワシントン州のスポケーンインディアンに布教をした米国人宣教師、1840年

氏は、記者会見に先立って公開された、冷蔵庫に入った体毛のある死体らしき物の写真も、偽物ではないかという疑いを深めていた。

「まるで、着ぐるみのようです。天然の体毛には見えません」とメルドラム氏は言った。「内臓の山も、演出のために置かれているようにしか見えませんでした」

DNA解析の結果

　ビッグフットの死体から採ったというサンプルのDNA分析結果が公表されると、三人の証言への疑いはますます強まった。サンプルを送られて解析を担当したミネソタ大学の分子生物学者カート・ネルソン氏によると、人間とフクロネズミの遺伝子だったという。「組織のサンプルを腸から採取したので、ビッグフットが食べたフクロネズミの組織が混ざったのだ」とビスカルディ氏は主張したそうだが、「そんなことはあり得ないと思います」と、ネルソン氏はナショナル ジオグラフィックニュースに伝えた。

　米国アラバマ大学バーミングハム校の科学捜査の専門家ジェイソン・リンビル氏は、このDNA分析には参加していないが、腸ではなく体毛のDNAを分析していれば、比較的簡単に未確認の霊長類か否かを確定できただろうと話す。

「理論的には、DNAを分析すれば、人間ともほかの霊長類とも完全には一致しないが、極めて近縁の生き物だということを証明

できます」とリンビル氏は言う。

発表の余波

　マシュー・マニーメーカー氏は、ビッグフットの研究者の国際的なネットワーク「ビッグフット研究者会」の会長だ。マニーメーカー氏は、三人が行った記者会見について、ビスカルディ氏が金を儲けるために考えた手の込んだ詐欺だと批判した。

「ビッグフットの写真を見たいという人々の気持ちにつけ込んで、いかさまの写真を売って稼ごうとしているのです」と憤る。研究会ではビッグフットに関するニュースを追っている。それによると、ビスカルディ氏の思惑は的中したという。

「世界中の新聞を合わせると、少なくとも1000件の記事が出ました。それまでは、多くても200どまりだったのですが」。これほど大々的に世間の目にさらされたことは、長い目で見れば、ビスカルディ氏にとって不利益になる可能性があるとマニーメーカー氏は指摘する。

「いまや彼は、言わずと知れた詐欺師です」と同氏は言う。「何年も前からビスカルディ氏は、ビッグフットの研究会の中では詐欺師として有名でしたが、一般の人々も彼の情報を信じなくなるでしょう」

最近の目撃情報

ビッグフット研究者会は、全米のビッグフットの目撃情報のデータベースを構築しており、1980年代以降の目撃情報の記録を保有している。目撃情報はマレーシアやヒマラヤなど世界中から寄せられているが、カナダや米国は特に多い。

科学的に解明された
チュパカブラの正体

1990年代半ばにプエルトリコで初めて報告されて以来、メキシコ、米国、そして中国でも目撃情報が続いた謎の生き物チュパカブラ。いまではその正体について、進化論を用いて説明できるという。

チュパカブラはネッシーやビッグフットよりもはるかに研究しやすい対象だ。最初の発見はプエルトリコで、その後、米国南西部やメキシコに広まった。いまでは、メキシコでチュパカブラだとされた死体の多くは、重篤な疥癬（かいせん）を患ったコヨーテだということが判明している。疥癬は痛みを伴う皮膚の疾患で、脱毛や皮膚のしわなどの諸症状を引き起こす。

 チュパカブラとされる生き物の謎解きはこれで十分だとする科学者もいる。「これ以上詳しく調べたり、ほかの説明を考えたりする必要はないと思います」と、米国ミシガン大学の昆虫学者で、疥癬を引き起こす寄生虫ヒゼンダニの研究をしているバリー・オコナー氏は言う。

チュパカブラだという写真を掲げるテキサスの女性。

疥癬を患った獣

　野生動物の病気の専門家ケビン・キール氏も、チュパカブラとされる死体を見て、間違いなくコヨーテだと断言しながらも、一般の人にはコヨーテに見えないだろうと述べる。「かなり情けない姿になっていますが、どう見てもコヨーテです」と語るキール氏は、ジョージア大学で米国南東部における野生動物感染症の共同研究に携わっている。「あれ以来しばらく、疥癬に

家畜への被害

1995年の冬、プエルトリコではチュパカブラとされる生き物による襲撃の報告が相次いだ。

1. オロコビスでは、8匹のヒツジが刺し傷を負い、完全に血液を抜かれて死んでいた。
2. グアニカでは、ニワトリとウシが首の1カ所を刺され、失血して死んでいた。
3. トレシージャ・バハでは、ニワトリの首に穴があけられ、飼い猫が生殖器を失い、モルモットがのどを切られて死んでいるのを女性が発見した。

かかったコヨーテやキツネを調べてきました。森で見ても、私はチュパカブラだとは思いませんが、普通の人には得体のしれない生き物に見えるでしょうね」

寄生虫のしわざ

疥癬の原因となるヒゼンダニは人間にも感染し、かゆみを伴う発疹を引き起こす。このダニは宿主の皮膚の下に潜り込み、卵を産むと同時に老廃物を分泌する。そのため、人間でもそれ以外の動物でも、免疫システムが働いて発疹が出るのだ。

人間の場合、ダニの老廃物に対するアレルギー反応が起きて疥癬を発症しても、通常であれば症状は軽い。だがコヨーテなど、寄生したヒゼンダニに対して効果的な対処法を進化させてこなかったイヌ科動物では、疥癬によって命が脅かされることがあるのだ。

ミシガン大学のオコナー氏は、疥癬が人間から飼い犬に感染し、野生のコヨーテやキツネ、オオカミに感染していったと推測する。

オコナー氏の研究によれば、人間などの霊長類とほかの動物とで、ヒゼンダニに対する反応が大きく異なるのは、ヒゼンダニとの付き合いの長さが違うからだという。

「霊長類はヒゼンダニの最初の宿主です」と、オコナー氏は説明する。「霊長類は、ヒゼンダニとともに進化の道を歩んできたため、重症化する前にヒゼンダニの活動を抑制する能力を獲得しました」。言い換えると、進化の結果、人間の免疫システムが病気に対して先手を打つようになったのだ。

ヒゼンダニ側もまた進化しているのではないかと、ジョージア大学のキール氏は考えている。宿主を殺してしまったら元も子も

ないので、長い時間をかけて、私たちを殺さない程度に加減して攻撃するよう進化してきたというのだ。

疥癬の症状

人間以外の動物に対しては、ヒゼンダニはまだほどよいバランス感覚を獲得していない。たとえば、コヨーテの場合、全身疲労に加えて、脱毛、血管の収縮が起こり、衰弱して非常に重篤な症状に陥ることもある。

チュパカブラが疥癬にかかったコヨーテなら、家畜を襲ったという報告が多いのもうなずける。「疥癬にかかった動物はかなり弱っていることが多いのです」とオコナー氏は話す。「いつものように獲物を狩れなくなれば、捕まえやすい家畜を襲うでしょう」。チュパカブラが吸血していたという噂については、でっち上げか誇張の可能性がある。「その部分はただの作り話でしょう」とオコナー氏。

伝説の"進化"

米国メイン州ポートランドにある国際未確認動物博物館の館長ローレン・コールマン氏は、近年のチュパカブラの目撃情報の多くは、疥癬にかかったコヨーテやイヌ、その交雑種であるコイドッグということで片づけられると認め

怪物の"正体"

- **名　　前**：チュパカブラ
- **別　　名**：モカの吸血鬼、ゴートサッカー(「ヤギの血を吸う者」の意)
- **容　　姿**：大きなイヌ、大きな赤い目を持つ、背中にとげのあるトカゲなどさまざま。体長は120センチから150センチ程度。
- **襲撃方法**：吸血して動物を殺す。
- **獲　　物**：ヤギ、ニワトリ、ウシ、ウマなどの家畜。
- **出 没 地**：プエルトリコ、メキシコ、米国南西部、フロリダ州マイアミ。

ている。

「確かに納得のいく説明です」とコールマン氏は言う。「しかし、これですべての伝説が説明されたわけではありません」。たとえば、1995年にはプエルトリコで200件を超えるチュパカブラの目撃情報が報告されているが、その描写された姿はイヌ科の動物とは到底思えない。「1995年の時点では、チュパカブラは身長1メートルほどの二足歩行の生き物で、全身が灰色の短い毛に覆われており、背中には複数のとげがあると考えられていました」とコールマン氏は説明する。

しかし、チュパカブラの容姿の描写は、伝言ゲームのように、誤った報道や誤訳によって1990年代の終わりになると変化し始めたという。2000年になるころには、本来のチュパカブラのイメージは失われ、イヌ科の動物の姿に取って代わられた。もとは二足歩行の生き物だったはずが、4本の足で歩き、家畜に忍び寄っているのだ。

「実際、報道は大きな誤りを犯しました」とコールマン氏は指摘する。

「多くのメディアが、チュパカブラは疥癬にかかったイヌやコヨーテだと報じたために、すべてがごちゃ混ぜになり、最初のプエルトリコやブラジルからのような興味深い話が、まったく聞こえてこなくなったのです。二足歩行の生き物の目撃情報は鳴りをひそめ、疥癬にかかったイヌの仲間の目撃情報であふれかえりました」

政治家も動いた！

1995年、プエルトリコのカノバナスで家畜の被害が数百匹にのぼり、地元住民はチュパカブラのしわざだと騒ぎ立てた。市長のホセ・ケモ・ソト氏は毎週、ライフルと、檻に入れたおとりのヤギを携え、チュパカブラ狩りに出かけた。チュパカブラは捕まらなかったが、市長は再選された。

映画の怪物かサルか

それでは、本来の二足歩行のチュパカブラはどう説明するのか。コールマン氏は、1995年の夏にプエルトリコで公開されたエイリアンの恐ろしい映画を見たり、その話を聞いたりした人々の妄想ではないかと言う。「映画『スピーシーズ 種の起原』がプエルトリコで封切りになった日付が、最初の目撃情報が頻発した日付とぴたりと重なるのです」とコールマン氏は話す。「そして、ナターシャ・ヘンストリッジが演じたキャラクター、シルの姿を見ると、まぎれもなく背中にとげがあり、1995年のチュパカブラの姿と重なります」。

もう一つの説は、プエルトリコで目撃された生き物は、実験施設から逃げ出して島内に生息しているアカゲザルの群れだというものだ。アカゲザルはよく後ろ足で立つ。「当時プエルトリコには、血液実験に使われていたアカゲザルがおり、その群れが行方不明になった可能性があるようです」とコールマン氏は言う。

「そういった単純な話かもしれませんが、もっと面白い話かもしれない。新種の生き物が発見される可能性は常にありますからね」

海の怪物クラーケンは芸術家？

先史時代の海の墓場から整然と並んだ骨の化石が発見され、"クラーケン"が獲物の骨をアーティストのようにせっせと並べたのだという説が提唱された。実際には、もっと単純な話だったようだ。

先史時代の巨大なイカのような怪物が並べた"作品"とされたのは、米国ラスベガスの北西560キロにある、ネバダ州のバーリン・イクチオサウルス州立公園にある化石だ。約2億年前に骨が堆積したとき、この場所は海底だった。

化石は魚竜の一種ショニサウルス・ポピュラリス（*Shonisaurus populatis*）の薄い円筒形の脊椎骨、あるいは背骨だ。骨の大きさから、魚竜の体長は15メートル以上あったと推測されている。

芸術家の自画像？

米国マサチューセッツ州のマウント・ホリヨーク大学の古生物学者マーク・マクメナミン氏は、家族旅行で化石の発掘現場に行ったとき、脊椎動物の化石の一部が整然と2列に並んでいることに気がついた。骨が規則的に配置されていることに驚いたマク

メナミン氏は、その理由について突拍子もない仮説を立て、米国地質学会の会合で発表した。巨大なイカかタコが魚竜を捕食したあと、自分の触手にある吸盤に似せて骨を2列に並べたというのだ。

「巨大クラーケンの巣、発見」と題したプレスリリースのなかで、マクメナミン氏は、「州立公園にある椎間板の"敷石"は、史上初の自画像かもしれない。（中略）クラーケンに捕らえられた魚竜が、このゴミ捨て場に連れてこられて、ばらばらにされたのだと考えられる」という仮説を主張した。「クラーケンは魚竜を溺死させたか、首を折って殺したのだろう」とも述べている。

反論が出る

P・Z・マイヤーズことポール・ザカリー・マイヤーズ氏は、米国ミネソタ大学モリス校の進化生物学者で、ナショナル ジオグラフィック協会の支援も受けているサイエンスブログ「ファリンギュラ」（Pharyngula）の著者だ。マイヤーズ氏は、マクメナミン氏の仮説は「突飛で現実離れ」しており、論拠としているものも「単なる状況説明に過ぎない」と批判する。また、化石が整然と並んでいたのは、「驚くようなことではない」とも言う。「芸術的センスのあるタコを登場させる必要はありません」。マイヤーズ氏は、死んだ魚竜の体が腐敗した後に、脊椎骨がばらばらになったと考えるのが自然だとする。幅よりも高さのある骨が、左右どちらかの方向に倒れ、たまたま平行な2本の列になり、そのまま化石になったというのだ。

「発想は面白い」

> **本当の話**
> 現代の巨大イカは体長約15メートルに成長する。

　マクメナミン氏のクラーケン説は、地質学会で発表されたためにメディアが注目したが、仮説が広く認められたり、科学的に正当性が評価されたりしたわけではないと、マイヤーズ氏はつけ加える。学会とは「科学者同士が予備データをもとに論じ合う場」なので、当然ながら「発表前の審査はかなり基準が甘い」のだと、マイヤーズ氏は説明する。

　同じくバーリン・イクチオサウルス州立公園で調査を行った、カリフォルニア大学デービス校の古生物学者である藻谷亮介氏も、マクメナミン氏の説に対し、「面白い発想ではあるが、事実とは考えにくい」と懐疑的だ。藻谷氏は、骨が整然と並んでいた理由について、別の説を提唱した。「円盤状の骨は、体が腐敗して関節が外れると、海底に横倒しになり、海流の影響で一カ所に集められるのです」

　「マクメナミン氏が注目した標本は2列に並んでいましたが、3列になっている化石も見たことがあります（中略）。骨がそのように並ぶのは不思議なことではありません」

吸血鬼の頭蓋骨 イタリアで出土

イタリアで発見された中世の女性の遺骨は、当時の人々が本当に吸血鬼を信じていたことを示している。

イタリアのベネチア近くで発掘調査中だった考古学者が、口にレンガを押し込まれた女性の頭蓋骨を発見した。口にレンガを入れるのは、吸血鬼とみなされた者に対する、悪魔祓いの儀式だ。吸血鬼の疑いをかけられた死者の遺骨が出土したのは初めてだと、発掘チームのリーダーのマッテオ・ボリニ氏は言う。ボリニ氏はフィレンツェ大学の法医考古学者で、この吸血鬼が発見されたラッザレット・ヌオーボ島で2006年から発掘を行っている。

疫病と迷信

吸血鬼の存在を多くの人が信じていた主な理由は、遺体が腐敗する過程がよく理解されていなかったためだろう。たとえば、人間の胃は腐敗すると黒い液が出る。この液体はまるで血のように見え、死体の鼻や口からどんどん流れ出てくる。そのため、吸血鬼の犠牲者の血だと勘違いされることがあったようだ。

流れる体液はときとして口の周囲の埋葬布を濡らす。すると、布が口腔内に垂れ下がって布に裂け目ができる。疫病が流行っていた時代、墓はほかの犠牲者を埋葬するためにときどき開けられていた。イタリアの墓堀人の目には、腐敗した遺体が布の一部を食いちぎったように見えたのかもしれない。

吸血鬼は疫病を引き起こすという噂もあったため、吸血鬼が埋葬布を噛み、疫病を広める魔法をかけているのだという迷信が根づいた、とボリニ氏は言う。吸血鬼と疑われた者の口の中にレンガや石を押し込んだのは、疫病を食い止めるためだったのだ。

> ラッキーでした。発掘で吸血鬼の遺骨を見つけられるとは思っていませんでした。
> **マッテオ・ボリニ**
> フィレンツェ大学

この16世紀の女性の骸骨の口には、レンガが押し込まれている。吸血鬼を退治する当時の儀式だ。

ミステリーサークルの真の制作者は誰か？

世界中の農地に、ミステリーサークルと呼ばれる巨大な平面図形が出現している。いたずらか、スケールの大きな芸術作品だろうか。何か重要な意味を秘めているのか。それとも、宇宙からのメッセージか。

ミステリーサークルは世の中を騒がせている。芸術家が小麦や大麦の畑に忍び込んで作物を平らにならし、複雑で不思議な模様を描いているのだと考えている人が多いが、超常現象だと信じている人々もいる。何にせよ、この議論は世界中の耳目を集め、本物を一目見ようと毎年何万人もの人々が英国の田園地帯に押し寄せる。

始まりは英国

ミステリーサークルは、1970年代半ばに英国南部の畑で出現し始めた。初期のサークルは非常に単純な形で、一晩の間に、小麦、ナタネ、オート麦、大麦

本当の話

記録が残っているかぎりでは、初めてミステリーサークルが出現したのは1500年代。

英国のウィルトシャーの小麦畑に出現した巨大なミステリーサークル。

の畑などに描かれていた。作物は、なぎ倒されて茎が曲がっていたが、折られてはいなかった。

この現象はウィルトシャーを中心とする地域で確認された。この一帯は、ヨーロッパを代表する4600年前の新石器時代の神聖な遺跡をかかえている。ストーンヘンジ、エイブベリー、シルバリーヒルのほか、ウエストケネット・ロングバロウなどの墳墓がある。

ミステリーサークルが話題をさらうと、オーストラリア、南アフリカ、中国、ロシアなど、各国でサークルの出現が報告されるようになっ

マニアの呼称もある

ミステリーサークルのマニアもしくは研究家は、「セレオロジスト」と自称する。これは、古代ローマの農業の女神セレスからとったものだ。セレオロジストの多くは、ミステリーサークルは地球外生命体のしわざか、大気中に発生する電気の渦によるものだと考えている。

PART5 あの謎の真相に迫る 141

た。出現する場所は、やはり、古代の神聖な遺跡の近くが多い。イングランド南部の畑には、今でも毎年100以上のミステリーサークルが出現している。

芸術家の作品と判明

1991年、二人の芸術家ダグ・バウワー氏とデイブ・チョーリー氏が、70～80年代のミステリー・サークルを制作したのは自分たちだと名乗り出た。「ダグ・バウワーは20世紀のもっとも偉大な芸術家だと思います」と、ジョン・ランドバーグ氏は太鼓判を押す。グラフィックデザイナー兼ウェブクリエイターで、有名なミステリーサークル制作者でもあるランドバーグ氏は、バウワー氏の作品について、「境界を打ち破り、新たな扉を開き、既存の媒体にとらわれない」、まったく新しい芸術だと絶賛する。

ランドバーグ氏は、ミステリーサークル制作を専門とする、サークルメーカーという英国のアートグループとともに活動を行っている。サークルメーカーはビジネスとしての制作も請け負う。ヒストリーチャンネルの依頼で、直径46メートルの巨大なミステリーサークルを作ったこともある。だからといって、夜の闇にまぎれて行う秘密の制作もやめたわけではない。

有名なミステリーサークル

1. **2005年　英国ハンプシャー**：古典的なゲーム、スペースインベーダーの宇宙人の巨大な絵。
2. **2008年　英国ウィルトシャー**：数学のπの値の最初の10桁を暗号化した幅46メートルの図柄。
3. **2009年　英国オックスフォードシャー**：大麦畑を飲み込みそうな、182メートルのクラゲ。
4. **2009年　インターネット上**：グーグル検索のロゴが、ミステリーサークルと回転するUFOのデザインになった。

制作にかかる時間

　デザインを決め、制作の計画を練るのだが、アイデアが浮かんでから作品を完成させるまで、一週間を要することもある。「ただ美しければよいというものではないのです。寸法や中心などを示す設計図が必要です」とランドバーグ氏は話す。制作するのは夜間だ。

　芸術家にとって、ミステリーサークルの制作は胸が躍る仕事だが、作品の制作者として名乗り出ることはめったにない。「ミステリーサークルの神秘性が失われてしまいますから」とランドバーグ氏は説明する。「ただ模様を描くだけの芸術ではないのです。人々が付与する神話や民間伝承、エネルギーも含めて作品が完成するのです」

複雑化するデザイン

　25年の歳月が経つうちに、ミステリーサークルのデザインは、簡単で比較的小さなものから、多くの円や、凝った絵文字、複雑な非線形数学の原理を想起させるような形などを含む、巨大なデザインに変化していった。2001年8月にウィルトシャーのミルクヒルに出現したミステリーサークルは、409個の円が描かれ、広さは5ヘクタール、幅は243メートル以上あった。

　サークルはつむじ風のせいでできたという説を打ち砕くため、アーティストは、一段と凝ったデザインのものを作らなくてはならないと感じている。自然現象ではないことを示すためには、直線的なデザインを取り入れるような工夫が必要だとランドバーグ氏は言う。

　すべてのミステリーサークルは人間が作ったものか、という質

問に対して、ランドバーグ氏は曖昧な態度を崩さない。「その点については考えていません。決めつけたくないのです。人々がサークルを芸術作品として見てくれるなら、それは素晴らしいことです。ただ私としては、ミステリーサークルを巧みに作りあげることができれば満足なので、皆さんが信じたいように信じればいいと思うのです」

それでも謎は残る

芸術家の作品説に強く異議を唱える人々もいる。超常現象の研究者や科学者は、人間が作ったとは思えないようなサークルもあると言うのだ。また、好奇心が旺盛な超常現象のファンは、少なくともサークルの一部は地球外生命体の力によって作られた可能性があると思いたがっている。

英国のミステリーサークルの研究者カレン・アレクサンダー氏は、どの説も信じる余地があると考えている。「一部のミステリーサークルが人為的に作られたものであることは確かで、宣伝活動を目的とするものもあります」と語るアレクサンダー氏は、一般向けの共著者も持つ。「しかし、どうやって作られたのかわからないミステリーサークルも、結構な割合で存在し

強風のしわざ

ミステリー・サークルの科学的な説明の一つに、ダスト・デビル（塵旋風）と呼ばれるつむじ風が局所的に起きたためというものがある。柱のように渦巻く風が地面に向かって勢いよく吹きつけたので、作物が倒れたというのだ。イングランドのウィルトシャーにあるトルネード・アンド・ストーム研究所（TORRO）のテレンス・ミードン氏によれば、サークルを作る渦巻はエネルギーに満ちているという。エネルギーを蓄えた渦巻く空気に粉塵が取り込まれると、光る可能性がある。UFOのような光がミステリー・サークルの近くで頻繁に目撃されているのは、そのためかもしれない。

ます」

　人為的なものではないとする説には、つむじ風などの自然現象が原因とする意見から、UFOで来た宇宙人のしわざという説までさまざまある。「ほかにも突飛な意見がたくさんあります」とアレクサンダー氏は言う。「地球のエネルギーや大地の精霊が作ったと噂する人々もいるのです」

「ミステリーサークルは、古代の遺跡が好きなようです」とも指摘する。ミステリーサークルのメッカとして有名なウィルトシャーには、ストーンヘンジなど石器時代の遺跡がいくつもあるからだ。アレクサンダー氏自身は、「成り行きを見守りたい」と言う。「興味深い文化的現象の一つとだと考えています」

見物客も多い

　ミステリーサークルが現れる季節は、だいたい4月から9月の収穫期までで、ウィルトシャーの町には経済効果ももたらされている。ミステリーサークルの制作や見物に最適なシーズンは6月中旬から下旬にかけてだ。夏のミステリーサークルが、観光の呼び物となっている地域もある。バスツアーのほか、毎日ヘリコプターツアーが実施され、Tシャツ、書籍、土産物の雑貨などが売られるのだ。

「ミステリーサークルを見るためだけに、年間何万人もの人々が英国を訪れます」と、アレクサンダー氏は語る。ミステリーサークルの現象は衰える気配がない。「英国では、これまでになくミステリーサークルが多く出現しているように思います」

7つの月面着陸
ねつ造説を覆す

陰謀説を覆すにはロケット科学者の知識まではいらない（あるに越したことはないが）。

米国の宇宙飛行士ニール・アームストロングは月面に降り立った最初の人類だ。だが、アポロ11号の月面着陸は入念に仕組まれた、ねつ造だったという陰謀説がはびこっている。ねつ造の証拠とされる事象を検証し、世の中でもっとも信じられているねつ造説でさえ、専門家が笑い飛ばす理由を解説しよう。

ねつ造説1
旗がなびいている

大気のない月の表面で撮影したはずなのに、ビデオや写真の中の星条旗があたかも「そよ風に吹かれている」ようになびいているので、月面着陸はねつ造だという説がある。

実際には「宇宙飛行士が旗を立てたときの動きが、慣性の法則により持続しているだけ」だと、ワシントンD.C.のスミソニアン国立航空宇宙博物館の宇宙飛行史学者ロジャー・ローニアス氏は説明する。

月面上で、うっかり宇宙飛行士が旗の水平棒を何回か曲げてしまったため、写真の旗が風になびいているように見える。

ねつ造説 2
カメラマンの謎

　月面を歩いている宇宙飛行士は二人しかいないのに、1枚の写真に二人が写っていて、カメラが見当たらない。誰が写真を撮影したのだろうか。

　受賞歴のあるブログ「バッド・アストロノミー」の著者で、ジェームズ・ランディ教育財団の代表を務める天文学者フィル・プレート氏は、カメラは宇宙飛行士の胸に搭載されていたと説明する。「下の写真で、ニールの腕が胸のあたりにありますよね。そこにカメラがあるのです。カメラをヘルメットの前で構えたりはしません」

PART5　あの謎の真相に迫る

1969年7月の月着陸の際に撮影された有名な写真。バズ・オルドリンのヘルメットのサンバイザーには、ニール・アームストロングと月着陸船イーグルが写り込んでいる。

ねつ造説3
星が写っていない

　宇宙飛行士が星を見ている様子もなく、真っ暗な背景にも星が写っていないのは奇妙だという説がある。実際には月の表面が太陽の光を反射しているため、まぶしくて星が見えにくいのだ。

　また、撮影の際のシャッタースピードが速かったために、背景の光が写りにくかった。「シャッタースピードは150分の1秒から250分の1秒でした。それでは星は写りません」とプレート氏は言う。

月面から見た空には、星がまったく写っていない。

ねつ造説4
着陸の痕跡がない

　月着陸船が着陸した場所は比較的平らなのに、表面の土が吹き飛ばされていないため、ねつ造だとする説もある。疑う人々によれば、着陸船が接近すると、激しく土ぼこりが立ち、クレーターができるはずだという。

　実際には、着陸の直前にエンジンの出力を抑えていることや、ホバリングしている時間が短いことから、クレーターができるほど多くの土を巻き上げないのだと、スミソニアン博物館のローニアス氏は話す。「SF映画では宇宙船が大きな炎を噴出しながら着陸する場面がありますが、実際の月面着陸はそうではありません。映画の場面のように着陸することは、現在もありませんし、未来永劫ないでしょう」

月面に静止している月着陸船イーグル。1969年7月20日の月面着陸のわずか数時間後に撮影された。

ねつ造説5
影が不自然

　月着陸船の影の中にいるオルドリンが、やけに明るくはっきりと写っているのは不自然だという説がある。また、月面着陸の写真に写っている多くの影が不自然だという理由で、でっち上げを疑う人々がいる。影の向きが違ったり、陰になっている物が明るく写っていたりするので、多方向から光を当てる、スタジオのような場所で撮影されたのではないかというのだ。

　実際、多方向に光源があったのだとローニアス氏は言う。「太陽、地球からの反射、月着陸船や宇宙服に当たって反射した光、そして、月面からの反射もあります」。また、月の表面が平らではないことにも注目すべきだとつけ加えた。「へこんだ場所にある物と、平らな表面に置かれた物では、隣り合っていても、違う影をつくります」

月着陸船イーグルのはしごをのぼる宇宙飛行士のバズ・オルドリン。ひざを曲げて、次の段に飛び乗ろうとしている。

ねつ造説6
足跡が鮮明すぎる

　からからに乾いた世界にしては、宇宙飛行士の足跡が鮮明すぎるという説がある。くっきりした足跡がつくのは、濡れた砂の上だけだというのだ。

　それはナンセンスだとプレート氏は言う。「月の表土は非常に細かいパウダー状で、顕微鏡で見ると火山灰のような感じです。ですから、踏めば簡単にブーツの跡がつきます」。月はほぼ大気のない真空状態のため、一度ついた足跡は長い間そのまま残るはずだ。

月面にくっきりと刻まれたブーツの足跡。月面の土の性質を調べるため、バズ・オルドリンが足を持ち上げて撮影した。月着陸の写真には、宇宙飛行士が月を歩き回った際についたブーツの鮮明な足跡が多く写っている。

ねつ造説7
月面に残してきたはずの物が見えない

　ハッブル宇宙望遠鏡のような、宇宙の果てまで見ることのできる装置があるのだから、月面着陸の際に月面に残してきた物も見えるはずだという人々がいる。残してきた品物の写真が存在しないのは、ねつ造の証拠だというのだ。

　実際には、地球や宇宙にあるどの望遠鏡にも、そこまでの解像力はない。「計算すればわかることですが、地球上の最大の望遠鏡を使っても、少なくとも家くらいの大きさの物でないと、月の表面にある物は見えません」とプレート氏。

1969年7月、アームストロングとオルドリンは月から去る際に、月着陸船イーグルの一部と米国旗、いくつかの装置のほか、地球から持ってきた思い出の品を残してきた。上の写真でオルドリンが調整している地震計もその一つだ。

ネッシーの化石は本物か？

スコットランドのネス湖で巨大な水生生物の骨が発見され、世界中が大騒ぎになった。だが科学者たちはこの骨を偽物だと言う。ただのでっち上げだったのだろうか。

スコットランドのネス湖の沿岸で、化石化した骨が発見されると、世界中のネッシーのファンは驚喜した。はたして本物のネッシーの骨なのだろうか。多くのファンは、ネッシーは臆病なため姿を見せないが、スコットランド最大の淡水湖に今も生息していると信じている。もちろん、生死の問題どころか、そもそもネッシーなどいないという懐疑派も多い。発見されたのは4つの脊椎骨で、血管もあり、脊柱状だった。この証拠を見ても、科学者は納得しないのだろうか。

最初の目撃情報

ネッシーの伝説は、1400年以上昔、アイルランド出身の修道士、聖コルンバがこの地域の奇妙な水生の獣に出会ったことから始まったと言われている。この伝説は長いあいだ注目されなかったが、1933年になって新しい道路ができ、ネス湖へのアクセスが

ネス湖岸で発見した化石を見せるジェラルド・マクソーリー氏。

よくなって北岸から見渡せるようになると、状況が一変した。目撃情報が相次いだのだ。

最初に目撃した人物は、ドラムナドロッキットの宿屋の主人だった。ネス湖の黒っぽい水面から頭と首が出ている、あの有名なネッシーの写真が公開されたのも同じ年だ。撮影者は信頼の厚い婦人科医のロバート・ウィルソン大佐だったこともあり、ネッシーの噂は一夜にして広まった。

ところが1994年、ウィルソン氏の写真は20世紀最大のデマとして再び新聞の一面を飾る。クリスチャン・スパーリング氏という人物が息を引き取る直前に、あのぼやけたモノクロの写真は、実際はおもちゃの潜水艦にプラスチック

本当の話

ネッシーの公式ファンクラブ代表のゲーリー・キャンベル氏は、生きたままネッシーに食べられた場合に備えて、25万ポンド(約3600万円)の生命保険をかけている。

をつけて撮影したものだと白状したのだ。スパーリング氏は、義父であるマーマデューク・ウェザラル氏に頼まれて模型を作ったという。義父はウィルソン氏とともにモンスター狩りの成果を発表したがっていた。

彼らはうそをついて以来、本当にネッシーを見つけなければと頑張っていたらしい。

骨の主

ところで、2003年に発見された骨も偽物なのだろうか。発見者はスコットランドのスターリング出身の元金属スクラップ業者ジェラルド・マクソーリー氏だった。この年金生活者は、転んで湖に落ちたときに、たまたま骨を発見したのだという。そして、「俺はいつだってネッシーを信じていたけど、これではっきりした。これまでに目撃されてきた生物の骨に間違いないと思ったね」と発表した。

マクソーリー氏が発見した骨は、エディンバラのスコットランド国立博物館のスタッフに調べられることになった。古生物学者はこの骨の化石を、プレシオサウルスという2億年前から6500万年前に海を支配していた、恐ろしい捕食者のものだと判断した。長いヘビのような首を持ち、頭から尻尾までの全長が11メートルもある、恐竜とともに絶滅した爬虫類だとわかったのだ。ただ、まだ疑問が残っていた。

骨は埋められていた

博物館の古生物学者の一人ライアル・アンダーソン氏は、「化石は間違いなくプレシオサウルスのものです。素晴らしい標本で

す。そして、発見場所もマクソーリー氏の言うとおりなのだと思います」と述べた。ただ、骨にはほかの場所から運んできて埋められたことを示す痕跡があった。

「この化石は、ジュラ紀の灰色の石灰岩の中に埋まっていたと思われます。しかし、ネス湖周辺の岩石はもっと古いもので、すべてが結晶構造の火成岩や変成岩です」。アンダーソン氏によれば、ネス湖から一番近い場所で、この石灰岩があるところは、約50キロ離れたブラックアイル半島のイースイーだ。「化石には、海生生物によって多くの穴があけられていました。この骨は比較的最近まで海岸にあったようです」

世界の湖の怪物

1. 米国オレゴン州ワロワ湖のウォリー
2. カナダ、ブリティッシュコロンビア州オカナガン湖のオゴポゴ
3. カナダ、マニトバ州、マニトバ湖のマニポゴ
4. カナダ、ニューファンドランド島クレセント湖のクレッシー
5. 米国カリフォルニア州エルシノア湖のハムレット
6. 米国カリフォルニア州タホー湖のタホー・テッシー
7. 米国ニューヨーク州とバーモント州のシャンプレーン湖のチャンプ
8. チャド、チャド湖のアウリ
9. タンザニア、タンガニーカ湖のチペクウェ
10. 英国スコットランド、モラール湖のモラーグ
11. ロシア、アンドレアポリ、ブロスノ湖のブロスノドラゴン
12. 鹿児島県、池田湖のイッシー

海の怪物

　ほかにもアンダーソン氏の説を支持する人々がいる。イングランドのレスターにあるニューウォーク博物館員で、プレシオサウルスに詳しいリチャード・フォレスト氏は、「化石の総合的な状態と海綿動物があけた穴から判断すると、この化石は海の中、たとえば浜辺の小石のあいだといった場所にあったと思われます。

しかし、ネス湖は淡水です」と述べている。

ネッシーの公式ファンクラブの代表であるゲーリー・キャンベル氏は、「私は、この化石が意図的にここに埋められていたことは、ほぼ確実だと思っています。湖岸で一般の人が近づける場所は限られています。そして、この化石が発見された場所は多くの観光客が訪れる、道路の待避所です。我々としては、誰かが見つけるようにそこに置いたと考えています」とつけ加えた。

キャンベル氏によれば、ほかにもネッシーだと思わせるようないたずらがネス湖周辺で頻発しているという。最近では漁師が、捕えたアナゴをネス湖に入れた。小さなモンスターと間違えられることを期待したのだろう。そのうちの一匹は長さが2メートル以上あったという。

一方、悪気がなかったケースもあるとフォレスト氏は話す。「何年か前に同じ場所で、プレシオサウルスの脚の骨が発見されました。これは地元の旅行業者のものだと判明しました。観光客に見せるために持参していたところ、岩の上に置き忘れたのだそうです」

プレシオサウルスの可能性は低い

ネッシーの本当の姿は、いまだに謎に包まれている。だが、多くの人々は、ネッシーと聞いて、「プレシオサウルスのような姿を思い浮かべる」とアンダーソンは言う。それは、「ネッシーはプレシオサウルスだという話が、たびたび持ち上がった」からだ。しかし古生物学者にしてみれば、ネッシーとプレシオサウルスを結びつけるのは、あまりに安直な考えだ。プレシオサウルスは何千万年も前に絶滅しているが、ネス湖は最終氷期に氷河の浸食によってできた湖であり、誕生してから1万2000年もたっていない。

フォレスト氏は、冷血な爬虫類プレシオサウルスは、ネス湖の冷たい水の中では、体温を保つことができないと指摘する。
　さらに、息を吸うために一日に少なくとも数回は水面に出てこなくてはならないが、「プレシオサウルスらしき生物の目撃情報を耳にしたことはない」と話す。「いくつかのこぶが波打つように動いていたという目撃情報もありますが、爬虫類のプレシオサウルスは縦に波打つようにではなく、左右に体を動かして泳ぎます。波打つように泳ぐのは、哺乳類です。湖を横切るカワウソの群れかもしれません」
「私自身の見解を言うと、ネッシーの目撃情報はスコットランドの観光業に大きく貢献するものですが、確固たる証拠は何もありません。一つ確かなのは、ネス湖に大きな生き物がいるとしても、プレシオサウルスではないということです」とフォレスト氏は結論づけた。

PART 6

翼を持つ友達

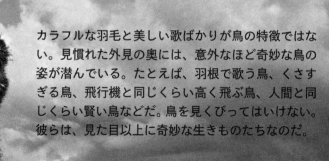

カラフルな羽毛と美しい歌ばかりが鳥の特徴ではない。見慣れた外見の奥には、意外なほど奇妙な鳥の姿が潜んでいる。たとえば、羽根で歌う鳥、くさすぎる鳥、飛行機と同じくらい高く飛ぶ鳥、人間と同じくらい賢い鳥などだ。鳥を見くびってはいけない。彼らは、見た目以上に奇妙な生きものたちなのだ。

世界一高い空を飛ぶ理由

インドガンは標高6400メートル以上まで飛翔し、わずか8時間でヒマラヤ山脈を飛び越える。

アジアに生息するガンの一種、インドガンは、世界でもっとも高く飛ぶ鳥だ。ヒマラヤ山脈さえもわずか8時間で飛び越えるという。英国バンガー大学の生物学者ルーシー・ホークス氏は、「かわいらしい姿は、とてもスーパーアスリートには見えません」と話す。

明らかになった飛行経路

2009年、ホークス氏を含む多国籍研究グループは、インドで25羽のインドガンにGPS発信器を取り付けた。ガンは、春が近づくと、繁殖地のモンゴルに向けて旅立った。

インドとモンゴルの間には、ヒマラヤ山脈がそびえている。ヒマラヤは、標高8850メートルの世界最高峰エベレスト（チョモランマ）をはじめとする山々が並ぶ、世界でもっとも標高が高い地域だ。インドガンの渡りの期間はおよそ2カ月、移動距離は最大8000キロにおよぶ。その途中で飛んだ最高高度は6437メート

ルだった。

　ガンは渡りの2カ月間、何回も休憩する。ただし、ヒマラヤを越えるときは、平均約8時間でほとんど休むことなく一気に飛び越えているようだ。「人間がこのような速い

> **本当の話**
>
> インドガンには、ほかの鳥よりもすばやく酸素を吸収できる特殊なヘモグロビンをもち、呼吸で酸素を取り入れやすくなっている。

ペースで山に登ろうとしたなら、順応できずに死んでしまうでしょう」とホークス氏は言う。
「湖で休むガンを見た人ならわかるでしょうが、鳥にとって離陸はとても大変なのです。一度着陸して休むよりも、飛び続けるほうが楽なのかもしれません。それに、山越えの予定を遅らせたくないという側面もあるのでしょう」

たくましいアスリート

　驚くべきことに、インドガンは追い風や上昇気流の助けをほとんど借りず、筋力だけを頼りに山を越えていた。同じバンガー大学の生物学者で、研究チームを率いたチャールズ・ビショップ氏は、「高い上空を飛ぶ鳥のほとんどは、上昇気流に乗ったり、滑空したりして高度を上げます」と話す。

　一方、インドガンは力強く羽ばたいて高度を上げる。ただし、その姿は美しいとはいえなさそうだ。ホークス氏は言う。「ガンはよく、飛びながらけたたましい鳴き声をあげます。優雅な飛行とはほど遠いでしょうね」

　ビショップ氏によると、インドガンはこの渡りを行うために、さまざまな身体的特徴を進化、適応させていた。ただし、特徴のほとんどは外見からはわからない。たとえば、インドガンはほか

インドガンは、8時間でヒマラヤ山脈を飛び越える。

の鳥に比べて毛細血管が多く、赤血球の効率もよいことが知られている。そのため、大量の酸素をすばやく筋細胞に送り込むことができる。

また、飛翔筋に含まれるミトコンドリア（細胞内でエネルギーを生成する役割を持つ）の数も多い。秘密は呼吸器系にもある。人間とは違い、早い呼吸を繰り返しても、過呼吸で目まいを起こしたり気を失ったりはしない。「呼吸を早く繰り返すことで、血液に取り入れる酸素の量を増やせるのです」とホークス氏は言う。

ヒマラヤを越える理由

この事実が判明するまで、インドガンは日中に山を越えて吹く風に乗って、ヒマラヤを越えるものと思われていた。しかし、イ

ンドガンはそれほど風が吹かない夜間に山を越えていた。

　ビショップ氏は、「おそらく、午後の強風を避けているのでしょう。強風に巻き込まれると飛ぶのが難しくなり、危険も増すからです」と推測

人間の肺を鳥の肺のように機能させることは絶対に不可能です。しかし、詳しい仕組みがわかれば、細胞に同様の反応を起こさせる薬が開発できるかもしれません。
フランク・パウエル氏
米国カリフォルニア大学ホワイトマウンテン研究所内科教授・所長

する。直接ヒマラヤを越えるのではなく、迂回することも考えられるが、それでは数日余計にかかることになり、そのぶん消耗も大きくなる。

「食料品店に入るために、急な階段を登るか、車椅子用の長い迂回路を通るかという選択と同じようなものでしょう。どちらを通るかを判断しなければなりません」とホークス氏は言う。

　もう一つ、インドガンが迂回しない理由として、インドガンは、ヒマラヤ山脈が今より低かった数千万年以上前から、このコースを飛び続けていたという仮説がある。ホークス氏は、「ガンは、鳥の中でもかなり古くから存在しています。インドガンが進化して独立した種になったとき、ヒマラヤ山脈は現在ほど高くなかったのかもしれません」と述べている。

ニュージーランドの「くさすぎる」鳥たち

ニュージーランドの在来種の野鳥たちは強烈な体臭を放つため、肉食動物に簡単にすみかを見つけられてしまう。

人間の体臭がひどいといっても、せいぜい周りが不快になる程度だろう。だが、度を超した体臭は、文字どおり生死に関わることがある。ニュージーランド在来の野鳥が絶滅の危機に瀕しているのは、まさにその体臭が原因であるようだ。同国クライストチャーチにあるカンタベリー大学の生物学者ジム・ブリスキー氏によると、巣に消臭剤をまかなければ、絶滅してしまうかもしれないという。

鳥の体臭の原因

多くの場合、鳥の体臭の原因は、羽づくろいに用いる分泌物だ。この分泌物は、羽毛をきれいに保つのに役立つ反面、強烈なにおいを発する。ヨーロッパや南北アメリカに生息する鳥は、繁殖期になると分泌物の構成成分を変化させる。そのため、体臭が弱まり、巣のにおいをかぎつけて獲物を襲う肉食動物にも発見されにくくなる。

ブリスキー氏は、コマドリやムシクイの仲間などニュージーランドに在来する6種と外来種を対象に、分泌物の比較調査を行った。比較対象となる外来種には、ヨーロッパ原産で、1870年代までニュージーランドにはいなかったクロウタドリやスズメの仲間などを選んだ。

> **本当の話**
> 世界中で残されているフクロウオウムは、わずか126羽（2014年時点）。

「ニュージーランドに生息する外来種は、繁殖期になると分泌物を変化させて体臭を抑えます。在来種はそれができないので、常に強いにおいを発し続けます」

　たとえば、大きさがニワトリほどの飛べない鳥キーウィは、アンモニアのようなにおいを出し、同じく飛べないフクロウオウムは"カビが生えたバイオリンケース"のようなにおいを発するという。ほかのニュージーランドの在来種も、外来種とは違う強いにおいを発する。

「イヌの嗅覚なら、においからフクロウオウムやキーウィを簡単に見つけることができます。ネズミや野良ネコなどの捕食動物にとっても、同じことが言えるはずです」

においを狙う外来捕食動物

　ブリスキー氏は、ニュージーランドの鳥のにおいが強いのは、体臭が強くても生存に問題がなかったからだろうと考える。オーストラリア大陸からニュージーランドが分離したのは、約8000万年前のことだ。そのころのニュージーランドには捕食性の肉食哺乳類はいなかったので、在来種の鳥たちは、進化の過程でにおいを抑える体質を獲得しなくても、生き延びることができたのだ

フクロウオウムは、強烈な体臭が原因で生存が脅かされている可能性がある。

という。

しかし、ニュージーランドに人間がやってくると状況は変わった。先住民のマオリはナンヨウネズミを持ちこみ、ヨーロッパ人もさまざまな種類のネズミやネコ、イタチの一種であるオコジョなどを持ち込んだ。これらの動物たちは、においを手がかりにして簡単に在来の鳥を捕まえることができる。

そのような原因が重なり、ニュージーランド在来の野鳥のうち43種類ほどが絶滅してしまったという。また、生き延びている在来の野鳥も数が減り、国際自然保護連合（IUCN）のレッドリストに記載されているものが73種いる（2010年現在）。そのほとんどが飛べない鳥だ。

解決策は消臭剤？

ブリスキー氏は、消臭剤を使って絶滅問題を解決する可能性に

ついて語る。「問題が体臭にあることを証明できれば、巣に消臭剤をまき、においを吸収させて効果的に野鳥を保護できるかもしれません」

> **本当の話**
>
> キーウィはニワトリほどの大きさだが、ダチョウの卵と同じくらいの大きさの卵を産む。

しかし、この方法には問題もある。においには別の役割があるとも考えられるからだ。「においが鳥同士のコミュニケーションに関わっていなければ、消臭剤をまくことも可能でしょう。仲間や子どもたちとのコミュニケーションに影響が生じるなら、消臭剤を使うことはできません」

さらに、野鳥のにおいを逆手にとった肉食動物対策も可能かもしれない。「外来のネズミやオコジョをにおいでおびき寄せる方法も考えられます」と同氏は言う。「肉食動物を駆除するために、異論の多い毒を使うのではなく、キーウィやフクロウオウムのにおいを使って、長期間使えるわなを作ることもできるかもしれません」

> **愛の香り**
>
> 鳥類の専門家は、鳥のコミュニケーションの研究で、鳴き声や美しい羽ばかりを取り上げ、においの役割に注目してこなかった。しかし、米国アラスカ州に生息する海鳥エトロフウミスズメの研究から、ほかの動物と同様に、鳥にとってもにおいが重要である可能性が判明している。この鳥は、強い柑橘系のにおいを出すことが知られており、求愛行動との関連性が指摘されている。エトロフウミスズメは、鮮やかな色のくちばしを使って繁殖相手を引き寄せたり地位を誇示したりしているが、においにも同様の役割があることが考えられる。さらなる研究は必要だが、鳥の強いにおいは繁殖相手に対するアピールなのかもしれない。

PART6 翼を持つ友達

人の視線を読み取る ニシコクマルガラス

視線をちらりと向けたり、じっと見つめたり。人間とよく似た眼を持つニシコクマルガラスは、目で伝えるメッセージを理解できるのかもしれない。

ニシコクマルガラスの特徴は、何といってもその眼にある。人間を除けば、相手の目を見て何かを読み取ることができる動物は、このニシコクマルガラスだけかもしれない。

眼とコミュニケーションの関係

人間は、目でコミュニケーションをとることがある。しかし、ほかの動物が同じようなことをしているかどうかはわかっていなかった。

ニシコクマルガラスは、カラスやワタリガラスと同じ科に属する鳥で、人間と同じように、白っぽい虹彩と黒い瞳のある大きな眼を持っている。英国オックスフォード大学の動物学者アウグステ・フォン・バイエルン氏は、

本当の話
鳥にとって、視覚は一番重要な感覚だ。

ニシコクマルガラスは、人の視線を読むことができるらしい。

ニシコクマルガラスと人間の眼が物理的に似ていることから、この鳥も人間と同様に眼を使ったコミュニケーションを行っている可能性があると考えた。「人間は、眼でさまざまなコミュニケーションをとることができます。私は、ニシコクマルガラスも同じだと考えています」

フォン・バイエルン氏の研究によると、人間が育てたニシコクマルガラスは、人の視線から、その人が何を見ているか見分けることができる。「ニシコクマルガラスは、仲間の視線に敏感なので、人間の視線にも敏感に反応します」

その一方で、今までの研究では、チンパンジーやイヌなど知能が高いとされているほかの動物でさえ、仲間の視線を読み取ることは難しいとされている。

警戒も協調も

　フォン・バイエルン氏は、英国ケンブリッジ大学の博士課程在籍中に、ニシコクマルガラスを使った実験をいくつか行った。ある実験では、当時の同僚ネイサン・エメリー氏とともに、与えた餌にニシコクマルガラスが手を出すまでの時間を、人間がその餌を見つめている状況下で計測した。

　その結果、見慣れない人が見ている場合、餌に手を出すまでの時間が長くなることがわかった。つまり、ニシコクマルガラスは知らない人を警戒している可能性がある。また、横から見る、片目を閉じるなど、人の片方の眼しか見えない場合でも同じように反応した。この点から、ニシコクマルガラスは相手の眼の動きだけで危険度を推し量っており、相手の顔の向きなどは関係しないことが考えられた。別の実験では、見慣れた人の視線の動きを読み取ることで、見えない場所に隠された餌を探すことができた。

　ニシコクマルガラスが視線の動きを読み取ることができるのは、生来の性質なのか、それとも人間が育てたことで身についた能力なのか。実験を行った両氏は、その見極めにはさらなる実験が必要だと考えている。

羽毛で歌う キガタヒメマイコドリ

ほとんどの鳥は、くちばしから、さえずりや地鳴きの声を出す。しかし、南米にすむ小鳥キガタヒメマイコドリは、羽毛だけを使って「歌」を歌う。

長いあいだ、鳥類の専門家たちを悩ませてきた謎がある。南米の小鳥キガタヒメマイコドリは、どうやってバイオリンのような切れのある音を出しているのか。その秘密は口ではなく羽根にあった。特別に進化した羽根を振動させているのだ。

キガタヒメマイコドリの歌

鳥のなかには、羽毛を飛翔や保温だけでなく、音を出してコミュニケーションをとることに使うものもいる。

2005年、米国ニューヨーク州イサカにあるコーネル大学脊椎動物博物館で鳥類と哺乳類の学芸員を務めるキンバリー・ボストウィック氏は、ある仮説を立てた。アンデスの熱帯雨林に暮らす小鳥、キガタヒメマイコドリのオスは、こん棒状の羽根を振動させ、隣の出っ張りのある羽根とこすり合わせて「歌」を歌い、メスを引きよせようとしているのではないかと考えたのだ。しか

驚きました。こんなことをする鳥は世界中を探してもほかにはいません。とても珍しい習性です。
リチャード・プラム氏
エール大学、鳥類学者
キガタヒメマイコドリによる羽の「歌」を初めて聴いて

し、その証明はとても大変だった。

「歌わせながら羽根を調べるのは、とても難しいことでした」と、ボストウィック氏は当時を振り返って述べる。「その歌を聞いて、本当に羽を使ってこんな音を出せるのかと疑ったことは数知れません」

振動の秘密を探る

　キガタヒメマイコドリはどうやって音を発しているのか。ボストウィック氏らは、羽根のサンプルを収集して研究室で分析することにした。

　それまでの調査から、キガタヒメマイコドリが出す音の周波数は1500ヘルツ（1秒間に1500回振動する）であることがわかっていた。2種類の羽を使って音を出しているとするなら、同じ周波数で羽根を振動させれば、実験室でも共鳴を起こすことができるはずだ。研究チームは、小型加振器という実験装置で羽根を振動させ、レーザーを使ってその様子を観察した。すると、キガタヒメマイコドリの特殊な羽根は、まさにその1500ヘルツで共鳴した。音を出しているのは羽根であることが確認できたのだ。

　しかし、音が出るメカニズムは単純ではなかった。ボストウィック氏が驚いたのは、こん棒状の羽根と出っ張りのある羽根による二重奏ではなく、この特殊な2種類の羽根はオーケストラの一部だったことだ。キガタヒメマイコドリの「通常」の羽根は、特殊な羽根とは異なり、個別に共鳴することはない。しかし、特殊な羽根に接する9枚の羽根が靭帯につながったままであれば、

1500ヘルツ周辺で共鳴し、こん棒状の羽根と一緒にハーモニーを奏でて音量を増幅させる。

ボストウィック氏によると、この研究成果は、鳥の新たなコミュニケーション形態を理解するうえで重要になるという。「羽毛を使って簡単な音を立てている鳥は多くいます。そういった鳥がどうやって音を出しているか、どうやってその機能を進化させてきたのかについては、まだほとんどわかっていません」

> **本当の話**
>
> キガタヒメマイコドリは、羽根を前後にこすり合わせて音を出す。これは、コオロギが鳴くのと同じ原理だ。

地球の磁場を「眼で見る」渡り鳥

人はコンパスを見て北がどちらかを判断する。しかし、鳥は眼を開けるだけで北の方角がわかるのかもしれない。

鳥の眼から見ると、世界はどのように見えるのだろう。雄大な景色がはるか下を流れてゆくだけでなく、ひょっとすると地球の磁場も見ているのかもしれない。

鳥の眼に地球の磁場を感じるタンパク質の分子が含まれていることはこれまでも示されていたが、それはものを見るためのものではなかった。

ところが、ドイツの研究者グループが、パブリック・ライブラリー・オブ・サイエンスが発行する学術誌「プロスワン（PLoS ONE）」で発表した論文によると、問題の分子は視覚情報を扱う脳の一部に関連しているという。論文の筆頭著者で、同国オルデンブルク大学の生物学者ドミニク・ヘイヤー氏は、「鳥は磁場を直接見ることができる可能性もあります」と語る。

本当の話

鳥は人間の2〜3倍の視力を持っている。

磁力の向きを視覚化

コンパスは、針に取り付けた小さな磁石を回転させることによって、巨大な磁石である地球の北極と南極を指す仕組みになっている。渡り鳥が何千キロも離れた営巣地と越冬地を移動する際には、体内にあるコンパスのようなものを使っていると考えられてきた。ヘイヤー氏らの研究は、そのような自然のコンパスがはたらく仕組みの解明に近づく一歩となった。

ヘイヤー氏のグループは、ニワムシクイという渡り鳥に、特殊な染料を注入する実験を行った。染料が神経繊維内を移動すると、その動きを追跡することができる。ある染料を眼に、別の染料を脳のクラスターNと呼ばれる部位に注入したところ、クラスターNは、鳥が自分の位置を確認する際にもっとも活発になることがわかった。鳥が方向を確かめると、両方の染料が移動して、視床と呼ばれる視覚をつかさどる脳の中枢で合流した。

「つまり、眼とクラスターNは、直接つながっているのです」とヘイヤー氏は話す。この発見は、渡り鳥が視覚と磁場を使って進路を決めているという説とも一致した。「鳥は、磁場や磁力の向きを、通常の視野に重なる明るい部分や暗い部分として感知しているのでしょう。もちろん、明暗の部分は頭を向ける方向によって変わります」

磁場の乱れが鳥の大量死につながる可能性

鳥が渡りを行う際、磁場を確認できなければ、方向感覚を失って傷ついたり死んだりすることになる。2008年、NASAは地球の磁場に「大きな裂け目」ができていると発表した。この裂け目に太陽風が吹き込めば、大規模な磁気嵐が生じ、地球上の各地で大量の鳥が突然死する可能性があるという。さらに磁気嵐が起きると、無線通信障害、太陽による放射線被害、地殻の変動による地滑りや地震、火山活動を起こす可能性もあるようだ。

渡り鳥のニワムシクイ。

その他の説も

 磁気を感じる分子以外を研究する科学者たちは、これはこれで素晴らしい発見だが、渡り鳥が方角を知る方法にはまだ多くの謎が残されていると述べる。
 当時、米国ノースカロライナ大学チャペルヒル校の博士課程を終了したばかりだった生物学者コーデュラ・モーラ氏は、「長い距離を移動する動物には、コンパスと地図の両方が必要です」と言う。モーラ氏の研究によれば、鳥はくちばしの中にある磁性結晶を使って磁場の強さを感じている可能性があり、そこから物理的な位置に関する情報を得ているのかもしれないという。
「東西南北はコンパスがあればわかりますが、自分の所在地はわかりません。所在地がわからなければ、どちらに向かえばよいのかもわかりません」

ヘイヤー氏は「地図とコンパスの両方が同時に機能している可能性があります」と言う。

　オハイオ州サンダスキーに駐在する米国農務省の野生生物学者で、鳥の渡りに詳しいロバート・ビーソン氏は、鳥は磁場ではなく、星に頼って、あるいは星を参考にして方角を判断する説を唱える。

　ビーソン氏は次の段階として、これらの情報が鳥の脳のどこに集まっているかを突き止める必要があるとする。「そうすれば、鳥のナビゲーションシステムの中心となる場所がわかるかもしれません」

不眠不休で驚異の
長距離を飛ぶ鳥

小柄で太めに見えるヨーロッパジシギは、高速で長距離を休まずに飛び続ける記録を持つ渡り鳥だ。スウェーデンからサハラ砂漠の向こう側まで、わずか2〜4日で飛び抜ける。

ちょっと太って見える鳥だが、その姿にだまされてはいけない。この鳥こそ、鳥類界の高速長距離ランナーなのだ。渡り鳥のヨーロッパジシギは、シギの仲間で、北ヨーロッパのスウェーデンからアフリカのサハラ砂漠の向こう側まで、4300〜6800キロの距離を、平均時速100キロ近いスピードで飛び、休まずにわずか2〜4日間で大陸を超えてしまう。

ぽっちゃりのスピード狂

2009年5月、ヨーロッパジシギの移動経路を追跡調査するため、繁殖地のスウェーデン西部で、10羽の鳥にジオロケーターと呼ばれる装置が取り付けられた。1年後、そのうち3羽から装置を回収し、追跡データを入手できた。

一見したところ、ヨーロッパジシギは速く飛べそうな体つきではなく、過酷な旅に備えているようにも見えない。体も流線型ど

ころか、小柄で太めだ。さらに、秋には丸々と太る。ある19世紀の狩猟記録には、「銃で仕留めると、地面に落ちたときに皮膚が裂けることがある」と書かれている。

だが、スウェーデン、ルンド大学の生物学者レイモンド・クラーセン氏によれば、その脂肪は休むことなく長距離を飛ぶための蓄えだ。「渡りの前には、体重が2倍近くになります。その脂肪は、すべて旅のあいだに燃焼し、アフリカにたどり着いたときには痩せて消耗しきっています」

> 睡眠が鳥の脳に与える影響を理解できれば、人間でも脳内の神経化学物質を操作して、いつの日か同様のことができるかもしれません。
> **ジェローム・シーゲル氏**
> 神経科学者・精神医学教授
> カリフォルニア大学ロサンゼルス校
> 渡り鳥がほとんど眠らないことを知って

スピードと持久力

これほど長い距離を、しかも速く飛ぶ鳥は珍しい。たとえば、キョクアジサシは毎年北極と南極を往復して約8万キロを飛ぶが、魚を獲りながら数カ月をかけて旅している。逆に、ハヤブサの飛行速度は最高で時速320キロほどに達するが、それは獲物を捕まえるほんの一瞬のスピードにすぎない。

唯一ヨーロッパジシギに対抗できそうな鳥は、オグロシギだ。2007年の調査で、アラスカからニュージーランドまでの1万1500キロを平均時速56キロで9日間かけて飛ぶことがわかっている。「オグロシギがヨーロッパジシギと異なる点は、オグロシギが海上を飛ぶことです。休むことができないので、飛び続けるしか選択肢はないのです」

ヨーロッパジシギは秋にアフリカへ渡るが、途中で休める陸地があるにもかかわらず、休まない。その理由はわかっていない。実際、春にスウェーデンに帰るときは何回か休んでいるのだか

ら、謎は深まるばかりだ。

渡り鳥研究の「革命」

ヨーロッパジシギは、長距離飛行するほかの渡り鳥と同様、長い時間のほとんど、あるいはまったく眠ることなく飛び続ける。「ヨーロッパジシギがなぜ眠らずに飛べるのかは、まだ解明されていません」とクラーセン氏は話す。「脳の左側と右側を切り替えながら、半分ずつ眠っているという説もあります。まったく眠っていない可能性もありますが、一般的な睡眠の重要性を考えれば、あり得ないことでしょう」

クラーセン氏は、鳥の渡りはまだわからないことだらけなので、ヨーロッパジシギの記録はいつ破られても不思議でないという。「ほかの種がどのような渡りをしているのかは、ほとんどわかっていません。追跡調査があまり行われていないからです」

「最近の小型追跡装置の発達を考えれば、近い将来、多くの驚くべき事実が明らかになると思っています。渡り鳥の研究分野は、さまざまな革命が起きています。とても楽しみなことです」

2016年、ドイツの

徹夜の達人

鳥は、哺乳類よりもうまく睡眠不足に対処できることが知られている。たとえば、ハトは通常の10%ほどの睡眠時間で何カ月も生きることができる。渡り鳥がほとんど睡眠を必要としない理由として、脳が半分ずつ眠る半球睡眠という説がある。これは、脳の半分が眠っても、残りの半分は活動しているという状態だ。実際、イルカやオットセイは半球睡眠をする。文字どおり、半分眠ったまま泳いだり呼吸したりできるのだ。しかし、オリーブチャツグミという渡り鳥に対する予備実験で、半球睡眠は、鳥が睡眠不足に対処する方法ではないらしいことがわかっている。興味深いのは、渡りの季節になるとオリーブチャツグミは不活発になり、うとうとする時間が長くなることだ。

マックス・プランク研究所は、ガラパゴス諸島に生息するオオグンカンドリに機器を取り付け、飛行中の脳波を調べて発表した。それによると、鳥たちは3000キロを休まずに渡るあいだ、昼間は眠らず、夜間に飛びながら短時間の睡眠を繰り返していた。

> **本当の話**
>
> さらにすごいことに、ヨーロッパジシギは追い風の助けがなくてもこの飛行速度を出すことができる。

道具を使い
社会生活を送るカラス

カラスは賢い。人間と同じように、道具を使ったり社会生活を送ったりする。これらの特性は、高度な知性の証拠とされる。

道具を作る、お互いにいたずらをする、自分たちだけにしか通じない方言を話す。ほかにも、賢い鳥として知られるカラスと人間には、意外な共通点がある。カナダのサスカトゥーンという町を拠点とする自然専門のライター、キャンディス・サベージ氏は、「コウモリ、鳥、虫がいずれも飛ぶようになったのと同じようなことでしょう」と言う。
「目的や理由、進化上でのメリットが同じでなくても、同じ特徴を得ることがあるのです」

賢い黒い鳥

　サベージ氏は、進展著しいカラス研究について取材し、『カラスの文化史』(エクスナレッジ刊)という本を書いた。そこでは、道具の利用、高い社会性など、人間の高い知性の証拠とされるいくつかのことを、カラスも行っている可能性があげられている。

人間は哺乳類で、カラスは鳥類だ。サベージ氏は鳥類を「羽の生えたトカゲ」と呼ぶ。鳥は恐竜から進化したというのが一般的な説だ。つまり、カラスと人間は、遺伝子の系統樹で見れば異なる枝に属する。それにもかかわらず、共通する特徴が存在する。「だからといって、神話のような現象が起きたとは思わないし、カラスが人間に近いとも思いません。しかし、それが何であれ、人間が高い知性を獲得したのと同じことが、カラスにも起こったと思われます」

道具を使うカラス

　英国オックスフォード大学の動物学者アレックス・ケセルニク氏は、カラスの道具使用に関する研究を行った。ケセルニク氏は、鳥を研究することで、進化によって高度な知性を獲得する仕組みを解明できると考えている。

　カラスの高度な知性を示すものとして、サベージ氏は2002年にケセルニク氏が「サイエンス」誌で発表した研究を挙げる。飼育されたカレドニアガラスが、まっすぐな針金をフック状に曲げて、管の中から、食べものの入った容器を取り出すことができたというものだ。サベージ氏はこう述べている。「このような問題をすぐに解決できる動物はほかにいません。チンパンジーでさえできないのです。カラスは人間と同じく、道具を作る動物に分類できます」

　カレドニアガラスは南太平洋のニューカレドニアに生息する。この鳥は、ケセルニク氏によると、「自然界で特に道具をよく使う」45種ほどの

本当の話

カラスは非常に社会性が強い。2羽から15羽、平均で4羽からなる家族グループで共同生活を営む。

カラスの一つにすぎない。「野生状態でもカレドニアガラスの道具使用はよく見られます。それだけでなく、必要があれば新しい道具を作ることもできるのです」。その一例が針金のフックである。

ケセルニク氏らが「ネイチャー」誌で発表した研究によると、カレドニアガラスは生まれつき道具を作る能力を持つ。つまり、道具作りの遺伝子が組み込まれているということだ。この点は、高度な知能が遺伝子に組み込まれていなければ、学習や工夫といった高度な行動はできないという考え方にも一致するという。

「知能には、遺伝子からの継承、個々の経験による学習、社会活動から得る知識という三つの要素があります。この三つが競合すると考えるのは誤りです。これらは一体となって拡大していくのです」

カラスのいたずら

サベージ氏は、ワタリガラスなどのほかのカラスも高度な知能を持つと著書に書いている。その証拠となるのが、カラスが社会生活から得た能力だ。

その一例として、米国バーモント大学の動物学者ベルンド・ハインリヒ氏によるワタリガラスの研究を紹介している。この研究は、若いカラスと大人のカラスが、死骸を食べるときの行動の違いについて調査したものだ。それによると、若いカラスは、大人

のカラスやほかの動物との競争に負けないよう、仲間の若いカラスを呼び寄せるため、大騒ぎになるという。対照的に、大人のカラスはペアで現れ、ほかの動物から見つからないように静かにしているという。

サベージ氏は、スイスの動物学者トーマス・バグニャール氏の研究も挙げている。それによると、フギンという名前のワタリガラスは、ムギンという有力なワタリガラスを欺く方法を学習したという。フギンは、ムギンに空の容器を調べさせているあいだに、別の容器からチーズを回収するようになったという。

「このような行動は、戦略的あるいは意図的に欺く行為といえます。仲間にうそをつくことは、人間や一部の霊長類だけの特権だと考えられてきましたが、ワタリガラスにもその能力があることになります」

カラスの高度な知性を示すもう一つの研究に、カラスがどのように音を学習して利用するかを調査したものがある。それによると、あるカラスの家族は、方言といえるような独自の鳴き方をしている可能性があるという。「鳥の脳の研究は速いスピードで進んでいます」とサベージ氏はつけ加えた。

知識の共有

米国シアトル近郊にすむカラスの5年にわたる研究結果から、カラスは「危険人物」を覚えており、その人物に関する知識を、子孫や仲間に伝えることもわかっている。この研究の共著者である米国ワシントン大学のジョン・マーズラフ氏は、「動物にとって、人間の行動は脅威です。そのため、人間の行動の癖を集団で学習できると、都合がよいのです」と話す。「カラスは、仲間やほかの動物を集めて危険人物の周りに集団をつくることがあります。カラスは神経質ですが、他者を受け入れて集団の中で騒ぎません。このような社会的な寛容さを持っているため、危険な状況や場所、人物について学ぶことができます」

PART 7
宇宙
最後のフロンティア

遠い昔、はるか銀河系の彼方で、奇妙なことが起こった。それは今も私たちの銀河で、そしてほかの多くの銀河で起こり続けている。共食いをする星、「ダイヤモンド」の系外惑星、水を宇宙空間にまく恒星などは、SFの世界の話のように聞こえるかもしれない。しかしそれは、確固たる、そして奇妙な事実なのだ。

地球の海をつくった彗星の水

地球の水は、宇宙からやって来たのだろうか。その答えは彗星にあるかもしれない。

あ る彗星に、地球の水と化学的な組成が一致する水が存在することがわかった。地球の海は、彗星に含まれる豊富な水によって形成されたという説を裏づけるものだ。

手がかりは「半重水」

惑星の形成モデルによると、初期の地球は温度が高すぎるた

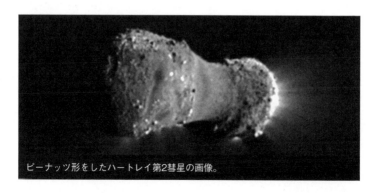

ピーナッツ形をしたハートレイ第2彗星の画像。

め、液体の水は地表に存在できない。そのため、地球の海はどのようにできたのかは、大きな謎だった。仮説の一つに、地球が冷えたころに衝突した彗星が、水をもたらしたとするものがある。

地球の海に溜め込まれた物質の量は、計り知れないほど多く、それが彗星の物質かどうかは、まだわかっていません。太陽系で何が起こっているかについて、そして、本当に地球の水の由来は彗星ではないと結論づけるには、さらに深い考察と努力が必要です。
テッド・バーギン
米国ミシガン大学

しかし、1980年代に、彗星の水に含まれる「通常の水（軽水）」と「半重水」の分子の比率（D/H比）が測定されると、この説は大きく揺らぐことになる。水の分子は水素原子（H）を二つ持つ。半重水では、そのうちの一つの水素原子が、重水素の原子（D）に置き換わっている。自然界のすべての水は一定のD/H比をもっている。そして、重水素はとても安定した原子なので、D/H比は永久に変わらない。

1980年代から、太陽系内の彗星の水には、地球の水とはまったく異なるD/H比を持つものがあることはわかっていた。そのため、彗星に由来する地球の水は多くても10%で、そのほかは豊富な水を含む小惑星が運んできたものと考えられていた。ドイツにあるマックス・プランク太陽系研究所の天文学者で、今回の研究を率いたパウル・ハルトフ氏は、そう説明する。

地球と同じ水を発見

ハルトフ氏のチームは、欧州宇宙機関（ESA）のハーシェル宇宙望遠鏡を使って、ハートレイ第2彗星（103P/Hartley 2）のD/H比を調査した。この彗星は、太陽からもっとも離れたときに、巨大ガス惑星の木星の軌道に近づくことから、木星族彗星と呼ばれている。

調査の結果、ハートレイ第2彗星に含まれる水は、D/H比が地球の水に非常に近いことがわかった。重要な点は、コンピューター・シミュレーションを行ったところ、ハートレイ第2彗星が「エッジワース・カイパーベルト」を起源とする可能性があることだ。エッジワース・カイパーベルトとは、海王星の軌道の向こう側にある領域で、太陽系の元になった彗星や氷の塊が存在する場所を指す。

　つまり、地球の海の形成を助けた彗星は、エッジワース・カイパーベルトを起源とする可能性がある。逆に、地球の水と一致しないD/H比を持つ彗星は、「オールトの雲」を起源とすると考えられる。オールトの雲は、エッジワース・カイパーベルトのはるか向こう側にあり、彗星の元となる天体が無数に存在すると考えられている領域だ。

彗星以外の天体も

　地球の水と同じ水を含む彗星は多くあることが考えられる。そのため、ハルトフ氏は、彗星に由来する地球の水の比率はもっと高い可能性があるとする。しかし、どの程度の比率なのかはわかっておらず、さらなる研究が必要だと言う。

「数値では示せませんが、理論的には、すべての水が彗星に由来することも考えられます。しかし、大部分の水が小惑星に由来する可能性も否定できません」

本当の話

地球の海の深さの平均は、米国ニューヨークのエンパイア・ステート・ビルを9つ重ねた高さ以上になる。

もう一つの地球と
なりうるか

約36光年彼方にある惑星は、地球によく似た星かもしれない。ただし、その星に雲が存在すればの話だ。

地球型惑星の探索。それは現在の天文学者たちにとって、とりわけ興味をそそられるテーマだ。HD85512b（グリーゼ370b）という無機質な名前の惑星に雲が存在すれば、生命の可能性も否定できない。

液体の水が存在する可能性

HD85512bは、ほ座の領域にある橙色矮星(わいせい)の周囲を公転している。チリにあるヨーロッパ南天天文台の高精度視線速度系外惑星探査装置（HARPS）による観測で2011年に発見された。

惑星を持つ恒星は、惑星の重力の影響で自身もわずかに公転している。視線速度法という光のドップラー効果を観測する方法を用いると、そのような恒星の公転運動を検知でき、したがって、その恒星に惑星があることがわかる。HARPSのデータによると、HD85512bは地球の3.6倍の質量を持つ。また、主星からの距離が、液体の水が地表に存在できる範囲内にあることもわかってい

"スーパーアース"の一つであるHD85512bの想像図。

る。液体の水は生命にとって不可欠と考えられているのだ。

　この研究を率いたのは、米国ハーバード・スミソニアン天体物理学センターおよびドイツのマックス・プランク天文学研究所に所属するリサ・カルテネガー氏だ。同氏は次のように述べている。「この星は、液体の水が存在できるかどうかの境界線上にあります。太陽系に当てはめれば、金星の少し外側の位置です」。つまり、この星が受ける太陽エネルギーは、地球が受けるエネルギーよりも少しばかり多い。

大気と雲の重要性

　ただし、カルテネガー氏らの計算によると、この惑星の少なくとも50％が雲に覆われていれば太陽エネルギーが反射され、過度に熱くなることはない。地球は平均60％の雲に覆われているので、HD85512bに雲がかかっていることも「考えられないわけではない」とカルテネガー氏は言う。

もちろん、水蒸気の雲が存在するためには、地球のような大気の存在が不可欠だ。しかし、現在の観測装置では、これほど遠い惑星の大気を観測することはできない。惑星形成モデルから考えると、

> **多くの地球候補**
>
> HD85512bは、ヨーロッパ南天天文台の高精度視線速度系外惑星探査装置（HARPS）が発見したスーパーアースの一つだ。スーパーアースとは、地球の1倍から10倍程度の質量を持つ惑星を指すが、生命が存在するとは限らない。HARPSチームを率いるマイケル・メイヤー氏は、次のように話す。「今後、太陽の近くにある居住可能な惑星のリストができるはずです。太陽系外惑星の大気を観測し、観測された光から生命を探すには、そのリストが不可欠です」

地球の10倍以上の質量を持つ惑星では、大気の大半は水素とヘリウムであるという。HD85512bのように、そこまで重くない惑星では、大半が窒素や酸素からなる地球のような大気を持つ可能性が高くなる。

ハビタブルゾーン

この惑星は、太陽系外で見つかったハビタブルゾーン（液体の水が存在できる領域）にある岩石惑星の一つだ。初めてハビタブルゾーンにあることが確認されたグリーゼ581dという惑星も、同じHARPSの観測で発見された。ただし、こちらの惑星は、ハビタブルゾーンの外側に近いぎりぎりの位置にある。

2010年に見つかったグリーゼ581gと呼ばれる惑星も、ハビタブルゾーン内にある可能性がある。グリーゼ581gは、もっとも地球に似た惑星といわれたが、データの問題による誤検知との意見もある。米国テキサス大学

> **本当の話**
>
> 水星では、1年よりも1日の方が長い。

アーリントン校のマンフレッド・クンツ氏は、HD85512bに生命体が存在するかどうかを判断するには、さらに情報が必要だと言う。「惑星の大気についての情報がないのは仕方のないことです。しかし、理論上は有力な候補といえるでしょう」

生命が存在する可能性

　生命が存在するには、大きさと位置に加えて、さらに二つの要素が重要になる。クンツ氏は、HD85512bはその二つも持ち合わせているという。一つは、惑星の軌道がほぼ真円であることだ。これは安定した気候に欠かせない。二つめは、主星のHD85512が太陽より古く、あまり活発ではないことだ。そのため、磁気嵐によって惑星の大気に被害が出る可能性も少ない。

　さらに、理論上、この惑星系は誕生してから56億年がたっている。そのため、「生命が生まれ、進化する時間は十分あります」とクンツ氏は言う。ちなみに、太陽系は誕生してから46億年が経過していると考えられている。

ホットヨガに最適？

　現在の宇宙飛行技術では、人類がHD85512bに到達できる可能性はない。仮に到達できたとしても、地球とはまったく異なる景色が広がっていることだろう。カルテネガー氏によれば、蒸し暑く、地球の1.4倍の重力がある世界だ。「この星では、ホットヨガのためにお金を払う必要はなさそうです」

共食いする星

突然激しく輝く星の光は、食べられつつある星の断末魔かもしれない。

強烈なX線フレアの観測から、小さな肉食系の星が別の星を「食べて」いる姿が明らかになった。

食べる星と食べられる星

その犯人は、中性子星に分類される恒星だ。中性子星は、とても小さいが密度が非常に高く、超新星爆発によって一生を終えた巨大な恒星の残骸である。問題の中性子星は1万6000光年彼方にあり、通常はX線で観測してもかすかにしか見ることができない。

だが、欧州宇宙機関（ESA）のXMMニュートンX線観測衛星よって、突如1万倍も明るく輝きを増した姿がとらえられた。スイス、ジュネーブのISDC天体物理学データセンターの天文学者で、観測を率

> **本当の話**
>
> 宇宙に存在する星の数は、地球に存在する砂粒の数よりも多い。

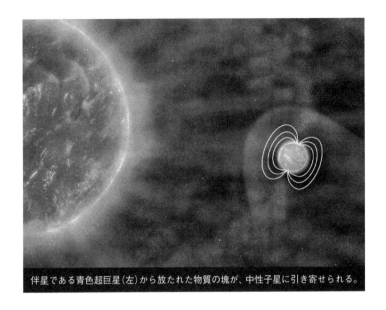

伴星である青色超巨星(左)から放たれた物質の塊が、中性子星に引き寄せられる。

いたエンリコ・ボッズ氏は、次のように述べる。「この中性子星の連星である青色超巨星は、表面から大量の超高熱ガスの塊を放出していると思われます。すぐ近くにある、はるかに小さくて密度の高い中性子星の重力場に、ガスの塊が引き込まれているのです」

このガスの塊は、直径約1億6000万キロ、体積は月の1000億倍と推定される。ガスは、中性子星に吸い込まれる際に数百万℃もの高温になり、すさまじいX線フレアを放出する。このときに観測されたX線フレアは4時間ほど続いた。

X線フレアの性質

この中性子星と青色超巨星は、SFXT（超巨星突発X線連星）と呼ばれる奇妙な星のカップルであることは知られていた。こ

の二連星は普段は暗いが、ときに宇宙でもっとも明るいX線源に匹敵するほど明るく輝く。

残念なことに、明るく輝くのは年に数回だけで、それも

あまりに幸運なできごとだったので、本当かどうか信じられませんでした。何日も眠れない日が続きましたよ。ついに、この塊が存在する直接的な証拠を得ることができたのです。
エンリコ・ボッズ
天文学者、共食いする星を発見した際に

数時間しか続かず、しかも予測することができない。そのため、X線フレアを始まりから終わりまで観測するのは実質的に不可能だ。さらに厄介なことに、宇宙に浮かぶ高感度X線観測装置のほとんどは、一度にごくわずかな範囲しか観測できず、フレアが発生したときに即座に作動させることもできない。

「高速で動かせる観測装置や、広範囲の観測が可能な装置がフレアを検知しても、低感度での観測しかできません。そのため、フレアの要因を明確に理解することはできないのです」とボッヅ氏は言う。

星の共食いの初めての証拠

フレアが発生する原因は、SFXT系の伴星である青色超巨星から噴き出した物質が、中性子星に食べられるときに発生するという説がある。巨大な恒星のほとんどは、荷電粒子の「風」を常に噴き出しており、その風で大量の物質があらゆる方向に拡散している。

さらに、フレア発生の原因は、伴星が恒常的に噴き出している物質ではなく、風に含まれた「弾丸」のせいであるという説もある。伴星が噴き出す風には、物質の塊からなる「弾丸」が含まれており、弾丸が中性子星に命中したときに、フレアが発生するというのだ。

> **本当の話**
> 明るく輝く星ほど、寿命は短い。

この説の実証はまだだが、2010年、XMMニュートンでIGR J18410-0535というSFXT系を12時間半にわたって観測した際に、偶然フレアが発生した。

「あまりに幸運なできごとだったので、本当かどうか信じられませんでした。何日も眠れない日が続きましたよ」とボッゾ氏は言う。「ついに、物質の塊が存在する直接的な証拠を得ることができたのです」

ボッゾ氏のチームは、XMMニュートンでほかのSFXT系も観測し、稀少なフレア現象の謎を解明したいと考えている。

星のスプリンクラー

生まれたばかりの幼い恒星は、宇宙に水を吐き出すという。恒星は、形成の過程で必ずこの段階を通る可能性があるらしい。

地球から750光年彼方の場所で、幼い太陽に似た恒星が大量の水を宇宙空間に放出している。噴き出す水の速度は、弾丸よりも速いという。

宇宙に水をまいている星は原始星であるらしい。このような恒星の胎児の周りでは、塵が巨大な円盤状に集まって回っている。その塵が原始星に落下するにつれて、原始星は成長し、北極と南極に当たる部分からジェットを噴き出す。

オランダのライデン大学で博士課程を終え、研究員として天文学を研究していたラルス・クリステンセン氏は、「このジェットを巨大なホース、水滴を弾丸と考えれば、毎秒、アマゾン川の流量の1億倍に匹敵する銃弾が放たれることになります」と言う。

学術誌「アストロノミー・アンド・アストロフィジックス」に掲載された論文の筆頭著者で

> **本当の話**
> 冷たい恒星は赤く、高温の恒星は青い。

PART7 宇宙——最後のフロンティア 201

あるクリステンセン氏は、「時速は20万キロに達し、マシンガンの銃弾より80倍高速です」と言う。

ペルセウス座の原始星

散水する原始星は、北天に見える星座ペルセウス座の領域にある。年齢は10万歳足らずで、みずからの材料となるガスと塵の雲に覆われている。

欧州宇宙機関（ESA）のハーシェル宇宙望遠鏡の赤外線観測装置を使うと、この雲を透かして、水素原子と酸素原子が出している光を検知できる。これらは水を構成する元素で、恒星の周りやその周辺を動いている。

原子の動きを追跡したところ、水は数千℃の恒星上で生成されたことがわかった。しかし、その水滴は10万℃のジェットに入ると再び気体に戻る。

ジェットに含まれた水が、太陽と地球の距離の5000倍ほど原始星から離れると、高温の気体は周囲の冷たい物質にぶつかり、減速して衝撃波が形成される。すると気体は急激に冷やされ、凝縮して水に戻るという。

銀河の庭に水をまく星のスプリンクラー

興味深いのは、この現象が恒星とって通過儀礼のような現象だと考えられることだ。このことから、生まれたばかりの私たちの太陽や、そこで水が果たした役割について、新たな発見があるかもしれない。

「太陽のような恒星は、幼いころに必ず活発な時期を経ているはずです。私たちは、それをようやく理解し始めたばかりです。恒

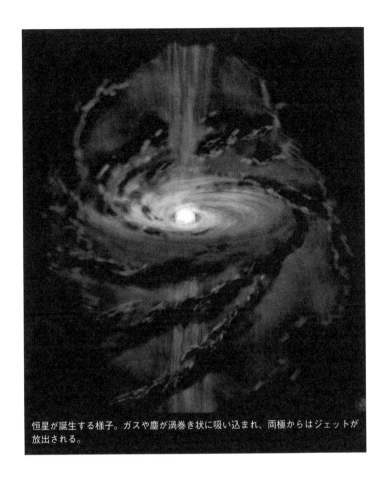

恒星が誕生する様子。ガスや塵が渦巻き状に吸い込まれ、両極からはジェットが放出される。

星の一生のうち、高速で大量の物質を噴き出すのはこの時期です。その中には、水も含まれています」

星は、まるで宇宙のスプリンクラーのように、周りをうるおしているのかもしれない。それによって、星と星との間の何もない空間が、希薄なガスで満たされる。水を構成する水素と酸素は、星の材料となる塵の円盤の重要な成分である。そのため、原始星のスプリンクラーは、周囲の天体の成長にも貢献している可能性

がある。

　クリステンセン氏は、ペルセウス座の領域で見られた水のジェット現象は、「おそらく、すべての原始星が短期間で経験してきたことでしょう」と言う。「しかし、銀河のあちこちでこのようなスプリンクラー現象が起きているとすれば、さまざまなレベルで面白くなってくるはずです」

このジェットを巨大なホース、水滴を弾丸と考えれば、毎秒、アマゾン川の流量の1億倍に匹敵する銃弾が放たれることになります。時速は20万キロに達し、マシンガンの銃弾より80倍高速です。

ラルス・クリステンセン
オランダ、ライデン大学、
博士課程終了後天文学研究員

天王星に現れた斑点が示す季節

青緑色に見える天王星は静かで落ち着いた星のように見える。しかし、天王星にもメタンの嵐が吹き荒れているようだ。

天王星の北半球に現れた輝く斑点は、天文学者たちを大いに驚かせた。

天王星の嵐

2011年、米国ハワイ州にある口径8.1メートルのジェミニ北望遠鏡で撮影された近赤外線画像から、天王星の表面に、周囲よりはるかに明るく見える部分が見つかった。米国の天文学研究大学連合（AURA）の副会長で、天王星に詳しいハイディ・ハメル氏は、この明るい斑点は、背の高いメタンの雲で、天王星の上層に達して凍結したメタンの粒子が太陽光を散乱するため、明るく見えていると考えている。

この雲は、高く伸びて上部

> **本当の話**
>
> 天王星の北極では、太陽を見ることができない時期が42年間続く。

2005年、ハッブル宇宙望遠鏡による、分点を迎える直前の天王星。

が広がった「かなとこ雲（積乱雲）」のようなものと見られる。地球では、積乱雲は激しい雷雨を起こす。この天王星の雲は、これまで観測されたものより低い緯度にあるため、南に移動した嵐であると考えられる。

静かな惑星

　2007年、天王星の北半球は春分を迎えた。ハメル氏がこの明るい斑点をはじめて見たのはその数年前で、別の研究者が天王星の衛星について発表しているときに使われた天王星の写真を見たときだった。「『これは何ですか』と聞いても、『わかりません。天王星はこのように見えるのです』と返されました。私は、『そんなことはありませんよ』と言いました」

　その後、ハッブル宇宙望遠鏡と地上の望遠鏡の継続的な観測から、この斑点は嵐だと考えられ、木星の大赤斑と同じようなものとされた。しかし、大気の移動は主に温度差によって起こるため、天王星では大規模な大気循環は珍しい。そのため、嵐はめったに起きないと考えられている。

　温度差が少ない理由は、太陽系のほかの7つの惑星とは異なり、天王星の自転軸が傾いている点にある。さらに、天王星は太陽から平均28億キロ離れており、太陽の周りを1周するのに84年かかることも挙げられる。

　ところが、天王星が分点（春分と秋分）を迎えると状

傾いた惑星

次のように、天王星は少しばかり変わった星だ。
1. 横倒しになった状態で自転している。自転軸が公転面に対して平行になるまで傾いている惑星はほかにはない。
2. ほかの巨大ガス惑星とは違い、大量の熱を放出していない。
3. 天王星の嵐は太陽系の中でも強烈で、時速805キロもの風が吹く。

況が変わる。春分や秋分の天王星は、「太陽に対して完全に横倒しになります」とハメル氏は言う。すると、ほかの惑星同様に、1日のうち太陽の光が当たる時間と当たらない時間が等しくなり、気温差が生じて大気の循環が始まるものと考えられる。

ハッブル宇宙望遠鏡による観測

　ハメル氏らは、季節の変化が天候に与える関係を解き明かすため、分点以降の天王星の雲の活動について研究している。明るい斑点が観測された2011年には、天王星の"春"はすでに終わったと考えられていた。だが、このような雲がまだ形成されていたのだ。

　ハメル氏は、もっと多くの天文学者にこの明るい斑点について研究してもらいたいと考える。観測が積み重なれば、天王星についてさらに詳しいことがわかるだろう。前回、天王星で季節の変化が起きたのは1965年だった。「次の天王星が分点を迎えるのは2050年ごろです。今回の観測は、最新の天文学で天王星を詳細に観測できるチャンスでした」

巨大惑星の
誕生の瞬間

誰だって赤ちゃんの写真を見るのは大好きだ。もちろん、天文学者だって例外ではない。生まれたての惑星の撮影に成功した天文学者たちは、誇らしげに世界に発表した。

木星のような、ガスと塵に包まれた世界をとらえた写真。それは、一番若い惑星の姿かもしれない。この惑星はLkCa 15bと呼ばれ、北天のおうし座の領域にある、450光年彼方の恒星の周りを回っている。この惑星は円盤状の物質の中を公転しており、主星自体も生まれてから200万年ほどしか経過していないと考えられている。

この生まれたての巨大ガス惑星は、質量が最大で木星の6倍ほどと見積もられ、主星との距離は地球と太陽の距離の11倍ほど。写真は近赤外線を使って撮影したものだが、米国ハワイ大学の天文学者で、この研究に関する論文の筆頭著者であるアダム・クラウス氏は、「直接肉眼で見ることができれば、おそらく暗い赤色に見えるでしょう。星の形成に伴う熱を発して続けているからです」と話す。

本当の話

これまでに、4000個以上の系外惑星候補が確認されている。

PART7 宇宙——最後のフロンティア

何もないのが目印

　すでに行われた観測から、この恒星を取り巻くガスや塵の円盤の内部には、明らかな空白地帯があることがわかっていた。そこでクラウス氏のチームは、この空白地帯に的を絞って観測を行った。このような空白地帯は、生まれたばかりの巨大惑星が、円盤の内部で公転している証拠と考えられる。原始惑星の重力によって物質が引き寄せられ、ガスや塵が一掃されて空白地帯になるのだ。

　「こういった空白地帯は、惑星を探す人にとって大きな目印となります。惑星が存在する可能性があるので、観測する位置の見当をつけられるのです。あとは、かすかにしか見えない惑星と明るく輝く主星を見分ける方法だけが必要です」

　そこで、ハワイのマウナケア山の山頂にある口径10メートルのケックⅡ望遠鏡で観測を行った。まず、この望遠鏡に搭載されている形状可変鏡を使い、地球の大気による星の光のゆがみを補正した。続いて、集光鏡にいくつかの穴を開けた小型マスクを取り付ける開口マスキング干渉法という手法を用いた。これによって主星の光を遮り、円盤

否定された惑星形成理論

惑星のふるまいは、いったん解明できたと思っても、次々と新たな現象が発見されて変わっていく。ここでは、否定された惑星形成理論のいくつかを紹介しよう。

理論1「すべての惑星の軌道はおおむね真円である」。実際は、真円に近い軌道を持つ系外惑星は、約1/3にすぎない。

理論2「わずかな例外を除き、一つの星系に属する星々の軌道は同一平面上にあり、周回する方向も同じである」。系外惑星の1/3は軌道が「ずれており」、逆走したり、黄道から大きく外れていたりする。

理論3「海王星級の大きさの惑星は珍しい」。理論上では、地球の3〜15倍サイズの惑星がもっとも少ないとされるが、一番多く見つかっている。

とその内部にある惑星のかすかな光をとらえることができた。

原始惑星の写真

　クラウス氏らは、LkCa 15bの観測を続け、温度に加えて軌道の形状や傾きといった軌道特性まで究明したいと考える。さらに、円盤と空白地帯のあるほかの星を探し、惑星形成の初期段階についての基本的な疑問を解明する考えだ。
「このような惑星を何年間も探し続けてきました。形成中の惑星を観察できれば、その仕組みがよくわかるからです」とクラウス氏は言う。「この惑星を発見したときは、ついに惑星の形成過程を究明できると興奮しました」

ダイヤモンド惑星は恒星の残骸か

天の川銀河には、ダイヤモンド並みの密度を持つ系外惑星がある。近くにある星の影響を受けて変わり果てた恒星の姿ではないかと考えられている。

奇妙な惑星が見つかった。この惑星は、「ミリ秒パルサー」という小型天体の周りを回っており、直径は地球の5倍程度の5万5000キロと推定される。ミリ秒パルサーとは、超新星爆発で一生を終えた巨大な星の残骸のうち、高速で自転しているものを指す。

この研究を率いたのは、オーストラリア、メルボルンのスウィンバーン工科大学宇宙物理学スーパーコンピューターセンターの天文学者マシュー・ベイルズ氏だ。同氏は次のように述べている。「この惑星の密度が水の18倍であることは確実です。つまり、通常の星のように水素やヘリウムなどのガスでできている可能性はなく、炭素や酸素のような重い元素でできているはずです。ダイヤモンドのような結晶でできている可能性が

> ダイヤモンド惑星がどう見えるかは、想像さえできません。きらきらした天体ではないでしょう。
> **ベン・スタッパーズ**
> 英国マンチェスター大学、「ダイヤモンド」の惑星について

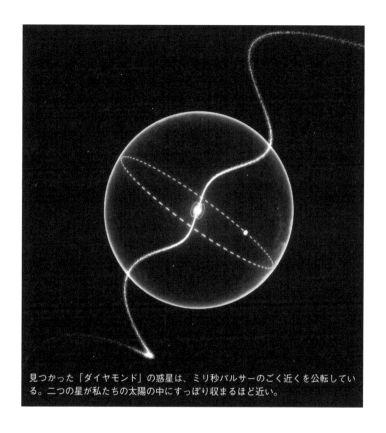

見つかった「ダイヤモンド」の惑星は、ミリ秒パルサーのごく近くを公転している。二つの星が私たちの太陽の中にすっぽり収まるほど近い。

極めて高いと考えています」

ミリ秒パルサーの発見

　惑星の主星であるミリ秒パルサーは、PSR J1719-1438と呼ばれており、南天の星座へび座の領域、約4000光年彼方にある。ベイルズ氏のチームは、オーストラリアのパークス天文台にある電波望遠鏡を使ってパルサーの調査をしていたときに、この星を発見した。パルサーは恒星の残骸で、両極から強力な電波のビー

ムを発している。ビームが発せられる方向はパルサーの自転に伴って規則的に変わる。ビームが地球の方向を向いたときに、地球上の電波望遠鏡で規則的なパルスを直接検知できるのだ。

ミリ秒パルサーの形成は、普通のパルサーが伴星から物質を吸い込む場合に起こると考えられている。物質を取り込むことによってパルサーの自転速度は加速し、毎秒数百回という高速で自転するようになる。ミリ秒パルサーは珍しい天体で、数百個程度しか見つかっていない。研究チームは、スーパーコンピューターを使って200テラバイトのデータの中からPSR J1719-1438を探し出した。じつに通常のDVD2万3500枚に相当するデータ量だ。

データから判明したのは、PSR J1719-1438が毎分1万回以上回転していることだった。さらに、このパルサーの電波パルスには奇妙な変動があることもわかった。研究チームは、パルサーの周囲を小さな物体が回っており、その重力によるものと結論づけた。

むきだしになった天体

発見されているミリ秒パルサーのうち、70%ほどが伴星として恒星を伴っていると考えられている。しかし、PSR J1719-1438のように惑星を伴うミリ秒パルサーは珍しい。ベイルズ氏は、その理由として、一般的な惑星形成理論では、ミリ秒パルサーの近くで惑星が形成されることはないからだと述べる。

惑星は、生まれつつある恒星の周囲を回る円盤状の塵から形成されると考えられている。すなわち、恒星の周囲を回る円盤の中では、重力の作用によって塊がつくられ、その塊が円盤の物質を集めて惑星になる。それとは逆に、パルサーは伴星の物質を吸い込む。ベイルズ氏らは、大部分を吸い込まれたのちに残された天体が、惑星程度の質量の天体になった可能性があると考える。

このダイヤモンド級の惑星は、もとは白色矮星だったのかもしれない。さらにさかのぼると、もとは太陽のような恒星だったが、パルサーに物質を吸い込まれ、死んだ星の核だけが

ダイヤモンドは永遠に

ダイヤモンド級の惑星J1719-1438は、非常に安定しており、数十億年間変化した形跡がない。オーストラリア国立望遠鏡機構のマイケル・キース氏は、「それも当然です」と言う。「長いあいだそこにあり、発見されるのを待っていたということでしょう。地球や太陽よりも長生きすると思われるので、まさにダイヤモンドは永遠だと言えます」

むき出しになっている可能性がある。ベイルズ氏は、この惑星の質量は、もとの白色矮星のわずか0.1%ほどだと考える。データに基づく計算によれば、この惑星はパルサーから約60万キロの位置をわずか2時間10分で公転している。

発見を待つダイヤモンド惑星

ベイルズ氏のチームは、このような惑星が実際にどのくらいあるのかを明らかにしたいと考えている。ダイヤモンド級の惑星が存在するには、一定の質量と化学組成をもつ白色矮星の存在が必要だろう。

ただ、この惑星の場合はそのような特別な環境下で生じたとしても、宇宙にはほかの可能性もあるとベイルズ氏は言う。「一番の楽しみは、私たちはまだ、宇宙のごくわずかな部分しか観測できていないことです。新しいスーパーコンピューターが使えるようになれば、今回のような発見が次々に起こるようになるでしょう」

1つの銀河に7つの超新星

2億5000万光年彼方の銀河に、7つの超新星があることがわかった。いずれも同時期に爆発したものと考えられている。

7つもの超新星が見つかったのは、Arp 220という巨大銀河からだ。この銀河は、4つ以上の小さな銀河が合体してできたと考えられており、爆発的に星が誕生する場所として有名だ。銀河の姿は可視光でも容易に確認できる。

記録破りの超新星銀河

この研究を率いたのは、スウェーデンのオンサラにあるチャルマース工科大学の博士課程に在籍していたファビアン・バテジャ氏だ。同氏は次のように述べている。「この発見まで、一つの銀河で発見された超新星の数は三つでした。三つでも驚きだったのに、7つも確認できたのです。これは、17年にわたってArp 220の電波源を観測し続けたおかげです」

Arp 220は銀河の進化を探るうえでまたとない宇宙の観測場所となっている。Arp 220では爆発による星の死が頻繁に起きており、古い銀河の活動を観察できるからだ。

7つの超新星が見つかったArp 220銀河。

望遠鏡を組み合わせて超新星を発見

　Arp 220で見つかった超新星は、すべて1光年の範囲内に存在している。しかし、非常に遠くにあるため、それぞれの電波信号を地球から観測すると、角度0.5ミリ秒の範囲に集中する。「これがどのくらい小さいかというと、1500キロ遠くにある先から1本のわらを見るのと同じくらいです」とバテジャ氏は話す。
「このような小さい天体を見るには、直径1万キロの望遠鏡が必要になります。1万キロというと、地球の直径より少し小さいくらいです。こんな巨大望遠鏡を作ることはできないので、干渉法を使って仮想望遠鏡を作るのです」。天文学における干渉法とは、一つの巨大な望遠鏡を使うのではなく、複数の望遠鏡を組み合わ

せて深宇宙を探査し、高解像度画像を作成する方式を指す。

バテジャ氏のチームは、2つの大陸、5つの国にまたがる57台の大型地上電波望遠鏡を使った。データを提供したのは、ヨーロッパのVLBIネットワーク、超長基線アレイ（VLBA）、グリーンバンク望遠鏡、アレシボ天文台などだ。

自由浮遊惑星

激しい超新星爆発で恒星が一生を終えても、その惑星が生き残る場合があるという説が提唱されている。生き残った惑星は軌道から弾き飛ばされ、銀河をさまようことになる。主星がない惑星がいくつか見つかっているが、この説によればその原因を説明できる。天の川銀河にもそんな自由浮遊惑星が存在するかもしれない。また、珍しいケースとして、生き延びた惑星が新たな軌道を見つけ、超新星爆発の残骸である中性子星やブラックホールの周りを回り続ける場合もあるようだ。

Arp 220の中心部には塵があり、可視光は遮られて地球には届かない。しかし、電波はこのような高密度環境でも通り抜けるので、地上の望遠鏡でも観測できる。

驚くべき大発見

最終的に、データからArp 220の中心付近には、約40の電波源があることがわかった。二つの波長で電波源の時間変化を追ったところ、そのうち7つはほぼ同時期に爆発した天体であることがわかった。

バテジャ氏によれば、天の川銀河では平均で100年に1回しか超新星は現れないという。しかし、非常に活発なArp 220では、星が頻繁に誕生と死を繰り返している。100億年以上前の若い銀河は、この銀河のような姿だったと考えられる。

「Arp 220は、宇宙が誕生したばかりのころ、星がどのように生

まれ、死んだのかを解明する手がかりになるでしょう」とバテジャ氏は言う。さらに、超新星の寿命はせいぜい数十年と短命で、すぐに超新星残骸になってしまうので、このような爆発から間もない超新星が観測できたことは珍しいと言う。「それを考えると、7つもの超新星の同時発見は、驚くべき大発見だと思います」

> **本当の話**
>
> 干渉法とは、一つの巨大な望遠鏡を使うのではなく、複数の望遠鏡を組み合わせて、深宇宙を探査できる高解像度画像を作成する方式を指す。

天の川銀河にひそむ漆黒の惑星

宇宙には、ほとんど光を反射しない真っ黒な惑星が存在するようだ。

石炭より黒い惑星があるというのは信じられないかもしれない。だが、NASAのケプラー宇宙望遠鏡による天の川銀河の観測で、そんな星が見つかっている。

漆黒の系外惑星

木星級の巨大ガス惑星TrES-2bは、主星からの距離がわずか480万キロほどで、980℃の高温に熱せられている。それなのに、この惑星は、光をほとんど反射しないという。

この研究論文の筆頭著者で米国マサチューセッツ州ケンブリッジにあるハーバード・スミソニアン天体物理学センターの天文学者デビッド・キッピング氏は、「この惑星の反射率は、石炭よりも、そして真っ黒なアクリル絵の具よりも低いのです。これまで見つかっているなかで、群を抜いて黒い惑星です」と話す。「もし、近くで見ることができたら、かすかに赤い光を帯びた真っ黒なガスの塊のように見えるはずです。系外惑星のなかでも、これ

ほど奇抜な惑星はありません」

NASAの系外惑星ハンター

ケプラー宇宙望遠鏡は、系外惑星探査を目的として、地球と同じ軌道上に打ち上げられた。とはいえ、750光年彼方のTrES-2bのように、遠くて小さい天体を直接撮影するのは容易なことではない。

その代わりにケプラーでは、光度計と呼ばれる光センサーを用いる。無数の星々を恒常的に観測し、定期的な恒星の明暗の変化を探すのだ。地球から見て、恒星の手前を惑星が横切ると、恒星の光が惑星によって遮られるため、明るさが変化する。この漆黒の星が遮った光の量は、驚くほど少なかった。

かすかな明暗の変化

惑星が恒星の手前を通過する際、ケプラーから見えるのは惑星の陰になった側だ。しかし、惑星が恒星の横や後方に移動すると、恒星に面する側が見えてくることになり、惑星と恒星の光が合わさった光が観測される。つまり、惑星が移動して恒星の裏側に隠れるまで、その光の量は増え続ける。

ケプラーでTrES-2bとその主星を観測したところ、検知できた明暗の差はほんのわずかだったものの、木星級の巨大ガス惑星が存在し、その影響によるものであることは十分確認できた。この系外惑星TrES-2bが恒星の光を反射することで起こる明るさの変化は、わずか100万分の6.5（0.00065％）ほどだった。

「これまで検知できた系外惑星の光のなかで、もっとも小さい値です」とキッピング氏は言う。さらに、この漆黒の惑星が恒星の

TrES-2bは、かすかに赤い光を帯びた真っ黒な巨大ガス惑星と考えられる。

前を通過しても、恒星はほとんど暗くならないという。「これは、車のヘッドライトの前をハエが通過するようなものです」

TrES-2bの黒さの秘密

　コンピューターモデルによる予測では、恒星のすぐそばを公転する巨大ガス惑星（ホット・ジュピター）は、もっとも黒いものでも、恒星の光を10％は反射するという。これは、水星より少し多い程度の反射率だ。しかし、TrES-2bは真っ黒で、わずか1％の光しか反射しない。そのため、キッピング氏はモデル自体を見直す必要があるだろうと言う。

では、この測定結果が正しいとするなら、なぜこの系外惑星はここまで黒くなったのだろうか。「気体となったナトリウムとチタンの酸化

> **ケプラー宇宙望遠鏡**
>
> NASAのケプラー宇宙望遠鏡の主目的は、ハビタブルゾーン（水が液体で存在できるのに適した熱を恒星から受け取れる範囲）にある地球型岩石惑星を探すことだ。ケプラーは4000個以上の候補を見つけ、2018年10月に運用を終了した。

物が大量に存在するからだという説もあります。しかし、想像のおよばない未知の物質である可能性の方が高いと思います。今回の発見でとても面白いのは、まさにこの点です」

TrES-2bは、まったく新しい種類の系外惑星かもしれない。ケプラー宇宙望遠鏡は数百個の系外惑星を発見し、2018年10月に運用が終了している。

「ケプラーが見つけた系外惑星を調べて、今回の惑星が珍しいものなのか、それともすべてのホット・ジュピターが真っ黒なのかを突き止めたいと思っています」とキッピング氏は話す。それがわかるまでは、TrES-2bの真っ黒な姿にちなんだ通称が使われるかもしれない。キッピング氏は、古代ギリシャの暗黒神の名を借りて「エレボス」と呼ぶのもいいかもしれないと述べている。

天の川銀河の「バンパイア星」

若さを保つために、ほかの星のエネルギーを吸収している恒星がある。

ほかの星の生命を吸い取る「星の吸血鬼」。天の川銀河の中心部には、そんなバンパイア星が存在する。

青色はぐれ星

この共食いをする星は、「青色はぐれ星」と呼ばれており、天の川銀河以外からも見つかっている。青色はぐれ星は、熱く、若く、青く見え、同時期に生まれた近傍の恒星より、年齢がゆっくり進行しているように見える。若さの秘訣は、衝突したほかの星から水素燃料を奪っているからのようだ。

本当の話

恒星の"吸血"行為は50万年にわたって続いており、今後も20万年にわたって続くと考えられる。

星が密集する球状星団では、恒星が衝突することが多いため、このような共食い星がよく見つかる。そして、天の川銀河のバルジと呼ばれる中心部の膨らみ（星やガスが

密集している場所）からも、青色はぐれ星が見つかっている。

　米国インディアナ大学ブルーミントン校および米国カリフォルニア大学ロサンゼルス校の天文学者ウィル・クラークソン氏は、「バルジの中にも青色はぐれ星が存在すると考えられてきましたが、どのくらいの数があるのかは、わかっていませんでした」と話す。「やっと、バルジの中に見つけたのです」

バンパイア星の形成過程

　NASAのハッブル宇宙望遠鏡を使い、バルジの中または周辺にある18万個の恒星を観測したところ、異常なほど青く、ほかの星よりもはるかに若く見える42個の恒星が見つかった。

　この42個の恒星のうち、18個から37個が青色はぐれ星ではないかと考えられている。これらの恒星の年齢は100億歳から110億歳とみられる。そのほかは、バルジ内の本当に年齢が若い恒星か、実際にはバルジ外に存在する恒星である可能性がある。

　銀河系バルジの青色はぐれ星は、球状星団の例とは違い、恒星同士の衝突で相手の水素を吸収しているのではないらしい。バルジでは、連星の片方の恒星が、相手の恒星の水素を奪って青色はぐれ星になるとも考えられる。二つの星からなる連星では片方の星が食べられ、三つの星からなる連星では、互いの重力の作用によって、二つの星がほかの一つの星に合体する可能性もある。クラークソン氏は「青色はぐれ星の詳しい形成過程は、まだよくわかっていません」と言う。

私たちは、恒星の進化について十分理解していると考えてきましたが、青色はぐれ星は予想外でした。青色はぐれ星がどのように形成されたのかを突き止めるには、詳細な観測が必要です。私は、いつもその真相の究明を楽しんでいます。
アーロン・M・ゲラー
米国ノースウェスタン大学、天文学者

PART 8

人類の足跡をさぐる

「過去は異国であり、人々は現在とは違う生き方をしている」という小説の一節があるが、その異国を訪れる考古学者や歴史学者はときおり、珍しい土産を持ち帰る幸運に恵まれる。英国の発掘現場では120足の古代ローマの靴が出土し、サハラ砂漠では失われた要塞の位置が特定された。大小を問わず、そういった遺物は、当時の様子や人々について物語り、現代とはかけ離れた世界を垣間見せてくれるのだ。

世界最古の寝具は
7万7000年前のもの

世界最古のマットレスは南アフリカで発見された。ダブルベッドほどの大きさがあり、一家全員が一緒に寝ていたのかもしれない。

リクライニングベッドやウレタンマットレスが登場する何千年も前、南アフリカの洞窟で暮らしていた人々は、アシやイグサで作った"オーガニック素材"のマットレスで寝ていた。考古学者が世界最古のものと思われるマットレスを発見したのは、南アフリカ、クワズール・ナタールにあるシブドゥ洞窟だった。

世界初のオーガニック寝具

アシやイグサを重ねた最古のマットレスが見つかったのは、草や葉が圧縮された寝具の山の底だ。寝具の山は、およそ3万9000年にわたって蓄積されたもので、最古のマットレスはおよそ7万7000年前のものだった。

「植物を使った寝具としては、それ以前に世界で発見されていたものよりも5万年は昔のものです」と、研究を主導するヨハネスブルクのウィットウォータースランド大学のリン・ワドリー

氏は言う。圧縮された植物の層は化石化し、地下3メートルほどのところにあった堆積物の中から発掘された。定期的に燃やされていた痕跡もあり、害虫駆除やごみの処分を行っていたと推測される。

> 食事や仕事、睡眠の場所を分ける習慣はありませんでした。ほとんど毎日、ベッドの上で朝食を取っていたかもしれません。
> **リン・ワドリー**
> ウィットウォータースランド大学、考古学者

防虫のためのシーツ

さらに研究者たちは、古代の人々が寝具に防虫効果のある葉を使った"シーツ"をかぶせ、カやアブといった害虫をよせつけないようにしていたと考えている。人間が植物の薬効を利用した最初の事例かもしれない。

使用されたのは、クスノキの一種のクリプトカリヤ・ウーディー（*Cryptocarya woodii*）の葉で、殺虫効果のある化学物質を生成する。洞窟の住人が寝具に潜む害虫に悩まされていたという証拠はないが、ヒトジラミなどの忌避剤として、この葉を使用していた可能性は高いとワドリー氏は言う。

家族で一つの寝床を共有

マットレスは厚みが約30センチもあり、「とても寝心地がよく、耐久性にも優れていた」のではないかと、ワドリー氏は考えている。面積は2平方メートルほどと、家族全員で寝るのに十分な広さだった。

現代の狩猟採集民、たとえばイヌイットやカラハリ砂漠のサン人などにも「一人か二人だけで一つのベッドを使うという習慣はない」とワドリー氏は指摘する。「狩猟採集民は、血縁集団で

共同生活をする傾向にあります」と語るワドリー氏の研究は、「サイエンス」誌にも掲載された。「おそらく石器時代も同じだったはずです。両親、子供、祖父母などからなる大家族で暮らし、一つのベッドに寝ていたと考えられます」

本当の話

アフリカの先住民は、今でも虫よけとしてクリプトカリヤ・ウーディーの葉を使用している。

死海文書は
エルサレム神殿から？

死海文書は誰が書いたのかという、聖書に関連する最大の謎は常に人を引きつけてきた。石のカップに刻まれた暗号の解読や、古代エルサレムのトンネルの発掘といった考古学上の発見にも関係するかもしれない仮説を紹介する。

聖書に関連する最古の文書を含む死海文書。近年の手がかりから、複数の共同体が、戦火から守るために隠した貴重な文書だった可能性が出てきた。「契約の箱」などの聖遺物が置かれていたとされるエルサレム神殿から持ち出されたものかもしれない。だが誰が死海文書を書いたのかについては、まだ議論の最中だ。

死海文書

　死海文書は、70年以上前に、クムランという古代の集落に近い死海沿岸の洞窟群で発見された。通説では、紀元前1世紀から紀元1世紀にかけて、エッセネ派と呼ばれるユダヤ教の一派がクムランに住み、すべての死海文書を羊皮紙やパピルスにしたためたとされてきた。

死海文書の一部。

　だが新たな研究によって、死海文書の多くは、複数のグループがクムラン以外の場所で作成したものである可能性が示された。その一部は、紀元70年頃、ローマ軍がエルサレムの第二神殿を包囲し破壊した際に逃れた人々だという。「死海文書を書いたのはユダヤ人ですが、特定の一派ではないかもしれません。異なる教派の複数のグループの可能性があります」と米国カリフォルニア大学ロサンゼルス校（当時）の考古学者ロバート・カーギル氏は言う。

　だが、この説は決して死海文書の研究者の総意ではない。この説は「激しい論争を引き起こすだろう」と、米国ニューヨーク大学のヘブライ・ユダヤ学科の教授ローレンス・シフマン氏は感じていた。

沐浴場の跡

　1953年、カトリックの司祭でもあるフランスの考古学者ロラ

ン・ドゥ・ボー氏が率いる国際チームが、1947年に遊牧民ベドウィンの羊飼いが発見し、主にヘブライ語で書かれている死海文書の研究を開始

> **本当の話**
>
> 死海の塩分濃度は海の7倍である。

した。ドゥ・ボー氏は、文書が発見された11の洞窟がクムランに近かったことから、死海文書を書いたのはクムランの住人だと結論づけた。

　古代ユダヤ史の研究者たちが、死海周辺にはエッセネ派がいたと指摘したため、ドゥ・ボー氏はクムランにエッセネ派の共同体の一つがあったと主張した。研究チームが、ユダヤ人が宗教的な沐浴のために使ったと思われる、数多くの浴槽の跡を発見したからだ。死海文書の内容も、ドゥ・ボー説を裏づけているように思われた。エッセネ派の慣習と一致する、共同体の規則が記されているものがあったのだ。

「死海文書に記されていた、共同体の食事や沐浴の儀式の手順は、クムランに関する考古学的な情報とも一致していました」とカーギル氏は説明した。

エルサレム神殿から持ち出された

　クムランを15年以上発掘してきた考古学者ユバル・ペレグ氏の近年の主張は、長く支持されてきた死海文書の定説と相いれないものだった。ペレグ氏の発掘チームが発見した遺物から、クムランは陶器工場のような場所だったことがわかったのだ。沐浴場だと考えられていた施設は、粘土を土壌から分離して採取するための施設だった可能性がある。

　また、エルサレムのシオン山では、考古学者が2000年前のカッ

プを発見し、それに刻まれていた暗号を解読した。暗号は「主よ、私は戻った」という意味で、死海文書の一部に見られる暗号と似ていた。このことから、少なくとも死海文書の一部が、エルサレム出身の宗教指導者の手によるものだと推測する専門家もいる。

偶然の発見

1947年、クムランの古代の集落跡近くの洞窟にヤギが迷い込んだ。ベドウィンの羊飼いが石を投げこむと、カチンという音が聞こえたため、不思議に思って中に入ると、壺に入った文書があった。その後、死海の崖に並ぶ洞窟から、1万5000枚の断片からなる850の文書が発見されることになる。

「世俗の権力者の目を欺くため、聖職者が文書を暗号化していた可能性もあります」とカーギルは言う。エッセネ派はもともとエルサレム神殿の聖職者だったという、新たな説も浮上している。紀元前2世紀に、何人かの王が法に反して高位聖職者の地位に就いた時に、エルサレムを離れた人々かもしれないというのだ。

　王に反発したグループはクムランに逃れて、自らの信仰のあり方を貫いた。死海文書の一部はそのグループがクムランの地で書いたものかもしれない。その際、それまでの慣習の名残で、暗号を使って文書を書いた可能性もある。

　また、死海文書の一部はクムランで書かれたものではなく、戦火を避けて神殿から持ち出された文書の可能性もあると、カーギル氏は言う。「死海文書が聖職者によって書かれたものならば、死海文書に関する従来の解釈は劇的に変わることになります」

「契約の箱は行方知れず。ノアの箱舟や聖杯も、もはや我々が目にすることはないでしょう。でも、エルサレム神殿から持ち出された文書が手元にあるかもしれないのです。これはエルサレム神殿由来の貴重な文書かもしれません」

複数の場所から持ち込まれた？

　死海文書の一部はエッセネ派の手によるものだが、すべてではないというのが、カーギル氏をはじめとする、現代の考古学者の多数派の意見だ。別の考古学上の発見から、ローマ軍がエルサレムを包囲し、神殿と都市の大部分を破壊した紀元70年頃に、まったく別のユダヤ人のグループがクムランの近くを通過した可能性があることがわかった。

　イスラエルの考古学者ロニー・ライヒ氏の率いるチームがエルサレムの地下で発見した古代の排水トンネルから、エルサレムが包囲された時代のものと推測される陶器やコインなどが出土したのだ。その地下トンネルを通って、ユダヤ人が逃走したときに、重要な宗教文書をひそかに持ち出した可能性があるという。トンネルが、死海やクムランに近い、キドロンの谷に続いていたのも重要な事実だ。

　さらに、死海文書が収められていた壺も、複数の異なるグループが書いたものの寄せ集めだということの証拠となるだろう。エルサレムのヘブライ大学のジャン・ガンウェグ氏は、クムラン地域の洞窟の壺の化学分析を行った。

「陶器のかけらを採取して粉にし、研究用原子炉施設に送りました。中性子を照射することで、壺の粘土の化学組成を調べたのです」

「地球上のどこをとっても、土の化学的な組成がまったく同じ場所はありません。DNAのようなもので、ピンポイントで地域を特定することができ、それぞれの壺がど

本当の話

死海文書の多くは獣皮に書かれていたが、パピルスや銅板もあった。文字は炭素を主成分とするインクを使い、右から左に書かれていた。

こで作られたかがわかるのです」とガンウェグ氏は説明し、死海文書が入っていた壺のうち、クムランで作られたのは半分だけだったと結論づけた。

> **本当の話**
> 死海文書は11カ所の洞窟から見つかった。

異論

死海文書はクムラン以外で書かれたかもしれないという説に異議を唱える人もいる。「私は違うと思いますね」と米国ニューヨーク大学のシフマン氏は言う。そして、死海文書が複数のユダヤ人のグループによって書かれたという説は、1950年代からあったとつけ加えた。「エルサレムから持ち出された文書だという説は、事実上、この分野のすべての人々に退けられてきました」
「他の場所から誰かが文書の束を持ってきて、洞窟に入れたなどということは、到底考えられません」と同氏は続ける。
「文書の多くは内容が一貫しており、つじつまが合っているのです。もし他の場所から、エッセネ派以外のグループが持ち込んだのだとしたら、エッセネ派とは違うイデオロギーに基づいて書かれているはずですが、そのようなものは発見されていません」。死海文書を熱心党（ローマに抵抗したユダヤ民族主義の集団）と結びつける意見もあるが、シフマン氏は否定している。

死海文書には「膨大な量の一貫したイデオロギー、救世主信仰、聖書の解釈、ユダヤ教の戒律、暦が記されている」という点について、カリフォルニア大学ロサンゼルス校のカーギル氏はシフマン氏に同意する。「ですが、一部の文書にはイデオロギー上の多様性が見受けられ、クムランにいた一つの教団がすべての死海文書を作成したと考えると説明が難しい点もあるのです」とカーギ

ル氏は言う。

守られた文書

　カーギル氏らが正しいとすると、現代の学者が死海文書と呼んでいるものは、隔絶された集団が書き残した文書ではなく、追い詰められたユダヤ人が砂漠に隠し、そして二度と取り戻せなかった、大切な文書だったということになる。
「誰が書いたにせよ、死海文書は持ち主にとって聖なる書物であり、失われることのないよう、大切にされていたのです」とカーギル氏は言う。「エッセネ派のものであろうとなかろうと、死海文書は1世紀におけるユダヤ教の多様性を今に伝える、貴重な史料です」

伝説のダマスカス剣の切れ味の秘密

鋭さと強靭さが伝説となっているダマスカス剣について、その特別な刃の強さの秘密がわかってきた。ナノワイヤやカーボンナノチューブなどの微小で複雑な構造で成り立っている可能性があるようだ。

ダマスカスの剣は8世紀頃に作られ始めた。刃の表面のうずまくような複雑な模様と、鋭い切れ味で知られている。伝説によれば、落下する絹布を、触れただけで真二つに切断し、石や金属を貫き、他の刀と打ち合わせても刃がこぼれることがなかった。

だが、その製法は何百年も前に失われてしまい、類まれな強さの秘密を知る者はいない。

微小な構造が生み出す大きな力

剣の分子構造の研究により、刃の微小な構造が強さのカギを握っている可能性があることを突き止めたのは、ドイツのドレスデン工科大学の結晶学者ペーター・ポーフラー氏の研究チームだ。電子顕微鏡を用いて、17世紀に作られたダマスカス鋼の刃から

採ったサンプルを調べたところ、レアアース元素が含まれていることや、ナノワイヤと呼ばれる微小な構造体が含まれていることを発見した。

> **本当の話**
> ダマスカス鋼の製法は、18世紀の終わりに失われた。

科学誌「ネイチャー」の記事は、チームがダマスカス鋼にカーボンナノチューブという炭素原子からなる微小な筒状の構造を発見したと伝えている。ポーフラー氏によれば、鋼の中にナノチューブが見つかったのはこれが初めてだ。非常に強いナノチューブが、比較的やわらかい鋼の中を通ることで、刃の弾性が増していると考えられる。

「硬いワイヤを入れることで、柔らかい素材を強くできるという原則は、一般的によく知られています」

秘密の剣の技術

この発見よりも先にポーフラー氏のチームが発見していたナノワイヤの一部は、セメンタイトと呼ばれる、鉄を主体とする極めて強靭な鉱物でできていた。その後研究を進め、チームはカーボンナノチューブがセメンタイトでできたナノワイヤを守るように包み込んでいることを突き止めたのだ。このナノチューブとナノワイヤの束が、ダマスカスの剣の抜群の強さの秘訣かもしれないと、ポーフラー氏は言う。

ナノチューブとナノワイヤの束は刃の表面に対して平行に走っており、より大きなセメンタイトの粒子を層状に配置する役割を果たしているのかもしれない。柔らかい鋼の間に、この固い層があれば、強靭でありながら弾性ももつことの説明がつきそうだ。強くてしなやかな鋼を使えば、理想的な剣ができる。

> ナノチューブは、発見される前から非常に有効に利用されていた。先人にならい、驚異的なナノ構造の新たな実用化の道を模索するのは我々の使命だろう。
> **アンドレイ・クロビストフ**
> 英国ノッティンガム大学、化学者

材料となっていた金属の塊は、鉄に炭素などの物質を特別な配合で混ぜたもので、主にインドで生産されていた。材料の製法と、特殊な鋳造技術を守ることで、「職人たちは400年以上も前にナノチューブを完成させていた」と、ポーフラー氏と研究チームは記している。

刃が完成に近づくと、鍛冶屋は刃を酸に浸すエッチング処理を行い、ダマスカス鋼の特徴である、波打つような輝きと暗い線を作り出していたのだろう。ポーフラー氏によれば、エッチング処理は、見た目だけでなく、剣の切れ味にも一役買っていた可能性がある。酸に強いカーボンナノチューブがナノワイヤを守ったため、エッチング処理によってナノ構造が刃の端から露出し、刃先が細かい、のこぎり状になったというのだ。

冶金の専門家の意見

ダマスカス鋼を作る技術は1700年頃に失われた。冶金の専門家は、ダマスカス鋼は当時としては特別な刃物だったが、現在の鋼ははるかにそれを凌いでいると考えている。にもかかわらず、多くの研究者がダマスカス鋼を再現しようと躍起になっている。

再現に成功したと主張する科学者もいるが、本来のものと完全に同じかどうかについては議論がある。また、ポーフラー氏の発見が道を切り開くという期待に水を差す研究者もいる。米国エイムズにあるアイオワ州立大学の冶金学の専門家ジョン・バーホーベン氏もダマスカスの剣の製法を研究してきた一人だが、ポーフラー氏らがダマスカスの刃の秘密を解明したとは考えていない。

「ナノワイヤは特別なものではないでしょう。普通の鋼の中にある構造だと思います」

 ダマスカスの剣は、物質中に意図しなかったナノ構造が現れ、驚くような性質が出現する可能性があるということを教えてくれる事例だと専門家は言う。

 ナノ構造の特徴がプラスに働くとは限らない。たとえば針のような繊維状の物質アスベストは、重篤な肺の疾患を引き起こす。繊維の一本一本を短くすれば、有害性はかなり抑えられる。ナノ素材は予想外のふるまいをすることがあるため、潜在的な影響についてもっと研究が必要だと警鐘を鳴らす研究者もいる。

本当の話

ダマスカスの剣の刃には、油膜と流水を思わせる複雑で独特な模様が見られる。

忘れられた都市を3Dマッピングで発見

グアテマラの生い茂る密林には、巨大な遺跡が埋もれている。考古学研究により100棟近い古代マヤ文明の遺跡がついに突き止められた。

何世紀もの間、行方不明だった古代マヤ文明の都市オルトゥン(「石の頭」の意)がついにベールを脱いだ。3Dマッピングを使って数世紀分の森林の成長を消去したところ、100棟近い建造物の大まかな輪郭があらわになったのだ。

エレクトロニクス技術を駆使

この場所に何かが埋まっているということは、地元住民の間では昔から伝わっていた。そしてようやく近年になって、「石の頭」と呼ばれるその都市の姿が、考古学者の手によって詳らかにされ始めた。

2010年には、GPSと電子機器を用いた測距技術により、7層のピラミッド、天文台、儀式球戯

> **本当の話**
> マヤ社会では、天文台の基礎部分に、翡翠や陶芸品といった捧げものが置かれた。

場、数軒の石の住居などの位置と高さが判明した。

マヤのデンバー

　研究チームのリーダーであるブリジット・コバセビッチ氏は、石造りの家のいくつかは、都市の早い時期の王の墓を兼ねていた可能性があると言う。「初期の王の墓を探すとき、考古学者はえてしてもっとも大きいピラミッドや神殿に注目します」。しかし、先古典期の中期後半にあたる紀元前600年ごろから紀元前300年ごろまで、「おそらく王はまだ世界の中心と見なされていなかったため、住居の中に埋葬されていたのです」と、米国ダラスの南メソジスト大学（当時）の考古学者コバセビッチ氏は話す。

　そのため、大きな神殿などに支配者が埋葬されたと予想した考古学者は「先古典期の王の墓を見逃すことが多かった」。

　遺跡で発見された巨大な仮面にちなんで「石の頭」を意味する名で呼ばれるオルトゥンは、いわばマヤの"副都心"だ。オルトゥンの研究によって、35キロ北に位置するティカルのような中心的都市以外のマヤの都市の構造や、人々の暮らしぶりが判明するかもしれないと、カナダのカルガリー大学で先古典時代のマヤ文明を研究するキャスリン・リーズテイラー氏は期待する。

　長く発掘されなかったオルトゥンは、「現代の米国でいえば、ニューヨークやロサンゼルスではなく、デンバーかアトランタといったところでしょう」と話す同氏は、3Dマッピングによる研究の成果を「信じられないくらい重要」

オルトゥンの基礎知識

「石の頭」を意味する名前をもつマヤ文明の古代都市オルトゥンは、先古典期（紀元前600～紀元250年）の中堅都市だった。最盛期の人口は2000人。マヤ文明の有名な大都市や強大な王権が誕生するよりも早い時期に繁栄した。

なものだと評価する。

埋もれたピラミッド

　長さ1キロ、幅500メートルほどの広さのオルトゥンは、紀元前600年から紀元900年の間にかけて、人口2000人ほどのマヤの中規模都市としてにぎわっていた。今では数メートルの堆積した土や植物に覆われ、素人目にはまったくわからない。

　かつてはオルトゥンでもっとも印象的な建物だったはずのピラミッドも、今では「森に閉ざされたただの山のよう」だと研究を率いるコバセビッチ氏は言う。同氏は、この発見を米国カリフォルニア州サクラメントでのアメリカ考古学協会の総会で発表している。

発見者は泥棒

　コバセビッチ氏によれば、オルトゥンは完全に森に埋もれていたため、1990年代の初めまでは考古学者もその存在に気づいていなかった。最初に遺跡を発見したのは盗掘者だ。おそらく農民が土地の開拓を試みた後だろう。考古学者は、その盗掘者の掘ったトンネルを通って、遺跡にたどり着いたのだという。

　盗賊の目を引いたのは、大きいものでは3メートルもの高さのある巨大な漆喰（しっくい）の仮面だった。盗掘者たちが掘り進むうちに姿を現したこの仮面は、かつてオルトゥンのもっとも重要な建物を飾ってい

> 王政が発達し、政治権力が掌握された過程、国家レベルの社会に成長していった経緯、100年から250年の間に小規模な崩壊が起きた理由など、オルトゥンに関する事柄はまだほとんどわかっていない。
> **ブリジット・コバセビッチ**
> 南メソジスト大学、考古学者

た。

コバセビッチ氏は、「凝った彩色がされた漆喰の仮面は、人間やうなり声をあげるジャガーなどの姿を表現したものであり、神殿を守るために階段の両脇に配置されていたのでしょう」と推測する。

先古典期のオルトゥンの重要な公共の建物は、主に暗赤色や純白、からし色に塗られていたと、リーズテイラー氏は考えている。幾何学模様や神話、日々の暮らしを描いた壁画が描かれた建物もあったかもしれない。

> **本当の話**
> マヤの遺跡には儀式としての球戯が行われた施設の跡がある。

天体をつかさどる王

王の戴冠や世継ぎの命名といった特別な行事に際しては、「2000人の住人に加えて、周辺の地域から多くの人々が集まってきたと思われます。おそらく数千人規模でしょう」とリーズテイラー氏は考える。

灰色の濃い煙と、香の匂いがあたりに立ち込めていたことだろう。煙にかすむ神殿を見上げた来訪者の目には、羽根飾りや翡翠(ひすい)で飾り立てた神官が舞い、神聖な儀式をとり行う姿が映ったかもしれない。

夏至や冬至、春分や秋分には、人々は都市の南の高い場所にある、天文台の周りに集まったことだろう。「夏至と冬至には太陽がちょうど東の建物の位置から昇ったため、人々の目には王が天をつかさどっているように見えたことでしょう」と2011年の調査時、リーダーを務めたコバセビッチ氏は言う。
　当時の人々と違い、考古学者たちの目は地中に向けられている。住居や天文台の発掘を開始し、主要な神殿の上の下生えを取り除くのだ。
　そして地中探知レーダーを用いて、オルトゥンの全容をもっと正確に把握したいと考えている。木々や茂みを透かして見た3Dマッピングに続き、レーダーで土の中を調査することで、都市のおぼろげな形だけでなく、個々の建物のはっきりとした輪郭が浮かび上がるはずだ。

古代ローマの靴が大量に出土

英国のスーパーマーケットの建設現場で、大量の遺物が発見された。古代ローマの砦に駐屯していた兵士の履物だ。

かつてローマ兵士のものだった60組のサンダルや靴が、スコットランドのキャメロンのスーパー建設地から出土した。

兵士の靴

2011年、古代ローマ帝国の北端にあたる場所から、ローマの宝飾品、貨幣、陶器、動物の骨とともに、2000年前の革製の履物が出土した。スコットランドでは最大級の発見だった。ローマ時代の靴やサンダルをはじめとする遺物群は、アントニヌスの長城沿いに2世紀に築かれた砦の、出入り口付近の溝に埋まっていた。長城は、スコットランドがローマ帝国の支配下にあっ

洗練された靴

履物がローマ文明の発達に果たした役割は大きい。よい靴があれば、起伏の多い地形や長距離を進軍することが可能だ。ローマは帝国の拡大とともに、靴作りと植物タンニンを用いたなめしの技術を、新たに獲得した領土に広めた。それゆえ、わざわざ靴をローマから輸送する必要がなかった。

た短い期間に、スコットランド中央部に建てられた巨大な防壁だ。発見された遺物は、砦に駐留していたローマの百人隊長と兵士たちが捨て、堆積したものだろうと、発掘を進める英国の民間請負業者AOCアーケオロジー・グループに所属する考古学者のマーティン・クック氏は言う。「ローマ人は靴を砦に続く道の端に捨てたのだと考えています」

「その後、溝に有機物がたまり、靴が保存されたのでしょう」。靴にはびょうが打ってあり、捨てられたものにしては比較的よい状態だったとクック氏はつけ加えた。

砦は過去10年で最大の発見

スーパーの建設予定地でも、1世紀のローマの砦と古代の農地の跡などが発見されたが、発掘は比較的新しいアントニヌスの長城に沿った砦付近を中心に行われた。「かなり規模の大きい建造物の痕跡を発見しました」とクック氏。「おそらく3重か4重の溝に囲まれた石壁の四角い砦があったと思われます」

他にもローマの斧や槍の穂先、3～4個のブローチ、高級品のフランス製のサモス土器の杯、そして一般的な壺などが発見されたという。「スコットランド屈指の重要な砦と言えるでしょう。過去10年でもっとも重要な遺跡の発見です」

ローマ人は165年ごろにはアントニヌスの長城を放棄し、南のイングランドへ撤退したものと考えられている。

本当の話

約60キロにわたるアントニヌスの防壁は2年間かけて建設され、ローマ軍が25年間駐留していた。

人工衛星で失われた砂漠の要塞を発見

リビアの衛星写真に、保存状態のよい謎多き古代の王国の遺跡が写っていた。

サハラ砂漠の砂の中に、古代文明が築いた城が埋もれていた。リビア南西部の失われた文明のものと思われる何百もの要塞を、衛星写真がとらえたのだ。

失われた文明の発見

紀元1年から500年頃のものと推測される集落には、ヘロドトスがガラマンテス人と呼んだ人々が住んでいた。ガラマンテス人は高度な文明をはぐくみ、紀元前2世紀から紀元7世紀ごろに繁栄したものの、多くは謎のままだ。石油業界で使用されている高解像度の写真を含む近年の衛星写真と、1950年代と1960年代に撮られた航空写真を分析し、ガラマンテス人が築いた城壁のある町や村、農場を発見した。

本当の話

衛星によって集められたデータからは、1万2000年前のサハラは湿潤な気候で、広大な森林があったと考えられる。

リビアの首都トリポリから1000キロ南に位置する要塞群は、2011年初めの現地調査で収集された陶器のサンプルの分析によって、ガラマンテス人のものだと確認された。そんな折、リビアの最高指導者ムアマル・カダフィ大佐の42年におよんだ独裁体制に終止符を打つことになる内戦が勃発し、調査は中断された。

「驚異的な保存状態です」と日干しれんが造りの建造物について、プロジェクトを率いる英国レスター大学のデビッド・マッティングリー氏は言う。「壁は、風による浸食が主な原因でやや崩れていますが、（発見時でも）3～4メートルの高さを保っていました」

快適な暮らし

ガラマンテス人は、砂漠に住む人々としては異例の快適な暮らしを営んでいたと思われる。積極果敢な性質と、奴隷の獲得、水利の確保により、組織だった集落を形成し、地元で育てたブドウ、イチジク、ソルガム、豆類、大麦、小麦の他、ワインやオリーブオイルといった輸入品も食べていた。オックスフォード大学の考古学者アンドリュー・ウィルソン氏によれば、「奴隷の獲得とフォガラと呼ばれる地下用水路を使った灌漑技術により、ガラマンテス人は古代サハラにおいて類まれな生活水準を享受することができた」

強大なアフリカの王国

よく練られた設計の直線状の建築物は、考古学者が見てもローマの前線の要塞と見まごうほどの造りだと、マッティングリー氏は感じている。「事実上ここは、ローマ帝国の境界線の外側に位置していました。アフリカの強大な王国の跡でしょう」

さらに、研究者たちは、墓や農地を含むこの遺跡が非常に密集していることに驚いた。4平方キロの範囲に村規模の集落が少なくとも10はひしめいている所もあり、「考えられないほどの密度」

だとマッティングリー氏は言う。

この発見以前はガラマンテス人に関する情報といえば、この要塞群から200キロ北西に位置するガラマンテスの中心地ジャルマの発掘や、古代ローマ・ギリシャの文献から得られた事柄に限定されていた。「非常に洗練された高度な文明を築いていたと思います」とマッティングリー氏は話す。「冶金(やきん)技術を持ち、極めて高品質の織物を作り、文字を使う、国家といえる水準の組織化された社会だったでしょう」。

リビアの遺産を管理する当局は資金不足で現地調査を行うことができず、古代文明の遺跡に気づかなかったと、同調査には参加していない英オックスフォード大学のフィリップ・ケンリック氏は語る。それゆえEUの欧州研究会議から340万ドルの援助を得ているマッティングリー氏の率いるチームが「先例のない規模で新たな発見をすることができた」というのだ。

サハラ砂漠が緑に

この遺跡からは、ガラマンテス人が高度な灌漑技術を開発し、砂漠に緑の茂るオアシスを築き上げていたことがうかがえる。「サハラの奥地の極端に乾燥した環境を変える手段は、人為的に地下水をくみ上げることだけでした」とマッティングリー氏は話す。ガラマンテス人は、先史時代から蓄えられた地下水を掘り、地下水路を使って、小麦、大麦、イチジク、ブドウといった地中海の作物や、サハラ以南のアフリカで作ら

> 新たな考古学上の証拠の発見により、ガラマンテス人が秀でた農民であると同時に、才覚に富むエンジニアであり、進取の気性を持つ商人でもあって、驚くべき文明を築き上げていたことが判明した。
> **デビッド・マッティングリー**
> レスター大学所属、プロジェクトリーダー

れていたソルガム、トウジンビエ、綿花などを栽培した。同氏のチームは、7万7000人年の労働力が運河の建設に費やされたと計算する。この数字には井戸の掘削や維持管理に必要な労働力は含まれていない。人年とは一年間に一人の人間がする仕事量のことだ。

地下水の枯渇？

　ガラマンテス人に何が起こったのかは謎だが、マッティングリー氏のチームは、地下水の供給量の減少により砂漠の町が衰退したと推測している。英国を拠点とするリビア研究協会が行う調査のリーダーであるポール・ベネット氏は、その可能性にこう同意する。「地下水は再生される資源ではありません。利用しつくしてしまったら、それでおしまいです」

　ローマ帝国の崩壊と地中海地域における紛争の増加も、砂漠の文明の繁栄を支えていたサハラ交易に深刻な影響を及ぼしただろうと、オックスフォード大学のケンリック氏はつけ加えた。

「黒死病」の病原菌は健在

史上最悪の死の病「黒死病」は、過去のものではない。今でも同じ病原菌が疫病を引き起こしている。

中世ヨーロッパで数知れない命を奪った黒死病は、現代にも存在し、犠牲者を出している。ただし、ペストの病原菌は過去600年でほとんど変化していないため、再び大流行する可能性は低い。

昔も今も変わらないペスト菌

ロンドンにある1300年代の墓地から発掘された遺骨について、残されていた細菌を調査したところ、新たな事実が判明した。墓の発掘を行ったのは、ロンドン考古学博物館だ。カナダのマックマスター大学のカーステン・I・ボス氏とドイツのテュービンゲン大学のフェレナ・J・シューネマン氏は、この中世の墓から採取した黒死病の病原菌エルシニア・ペスティス（ペスト菌）のゲノム配列の解析を試みた。

研究チームが46本の歯と53個の骨のサンプルを分析したところ、600年以上たった今もペスト菌の遺伝子はあまり変化してい

ペストを発症した男を描いた14世紀の版画。

ないことを突き止めた。「現代のペスト菌は中世のペスト菌の子孫」だと、研究チームは記している。

大きな飛躍を遂げたバクテリア

　ペスト菌が、土壌に住む近縁の細菌から進化したものだということはすでにわかっている。人間への感染を可能にするDNAの断片が加わり、黒死病の原因となる細菌に変化したのだ。いったん変異を起こした病原菌はノミによって運ばれ、そのノミがついたネズミが貨物船などの乗り物で交易品と一緒に各地に運ばれ

て、広まったと考えられている。

　ペスト菌に感染すると、人は腺ペストというリンパ節の病を発症する可能性がある。そのうちの少数が、二次的に肺ペストになる。1340年代にペストがヨーロッパに持ち込まれた時には、5年間でヨーロッパ大陸の人口の半分にあたる3000万人から5000万人が犠牲となった。

直線的な進化を遂げた現代のペスト菌

　現在でも、地面に穴を掘るげっ歯類がペストを広めている。米国、マダガスカル、中国、インド、南米を中心に、多ければ世界で年間3000人がペスト菌に感染している。今では、治療により感染者の85％が回復する。

　ペスト菌のゲノムがあまり変化しないということを考えると、人口減を招くほどの大流行が起こらなくなったのは、ペスト菌の感染力が弱まったということではなく、現代における医療の進歩と、全般に人々の感染症への抵抗力が増したことが理由だろう。

　ペスト菌にあまり変化が見られないのは、世界中のペスト菌が同じ一本の系統のものであるため、直線的にしか進化しないことが一因かもしれない。対照的なのはインフルエンザだ。

「流行している系統の違うウィルス間で遺伝子が交換され、新たな遺伝子の組み合わせが生じるため、変化が非常に早く、1918年には驚異的な伝染力を持つ系統が誕生した」と研究論文の共著者でマックマスター大学のヘンドリック・ポイナー氏は話す。1918年に

そして恐ろしい疫病はサウサンプトンから海岸沿いにブリストルまで達し、町は壊滅的な状況になった。感染した人々が2、3日あるいは半日ともたずに命を落としたことも、人々を恐怖に陥れた。

ヘンリー・ナイトン
『年代記』、1348年頃に関する記述

流行したインフルエンザは少なくとも5000万人の命を奪った。第一次世界大戦の犠牲者数を上回る数字だ。特に注目すべき点は、高齢者や乳幼児だけでなく、健康な大人の犠牲者が多かったということだ。

　ペスト菌の進化が遅いことがさいわいし、既存の抗生物質が現代のペスト菌に有効だ。もちろん中世の黒死病にも有効だっただろう。「人類が手に入れた現代医学と抗生物質の威力を再認識させる事実です」とポイナー氏は述べた。

魔法のように謎めいた文字

神話とゆかりが深い遺跡で、ヨーロッパ最古の判読可能な文字が刻まれた、ギリシャの粘土板が発見された。粘土板が残されたのは、偶然の産物だという。

ギリシャの村で発見された粘土板の破片に刻まれた文字は、ヨーロッパ最古の解読可能な文字だった。これが書かれた当時、文字は「魔法のように謎めいたもの」と思われていた。この粘土板が現在まで残ったのは、3500年前にごみと一緒に焼けたからだという。

叙事詩『イリアス』との関連

考古学者によると、現在のイクレナ村にあるオリーブ畑で発見された粘土板は、紀元前1450年から紀元前1350年の間に、ギリシャ語を話すミケーネ人の書記官によって書かれたものだという。ミケーネ人は、紀元前1600年から紀元前1100年頃にギリシャを支配した人々で、ホメロスの叙事詩『イリアス』では、トロイと戦争をした、半ば伝説的な存在として描かれている。

イクレナでの発掘によって、初期のミケーネ人の宮殿、巨大な

テラスの壁、壁画、驚くほど先進的な排水設備が発見されたと、発掘を指揮するミカエル・コスモプロス氏は報告している。なかでも粘土板は、長年の発掘プロジェクトの中でも、類まれな発見だったという。

「あの粘土板があの場所から出てくるというのは、まったくの予想外でした」と米国ミズーリ大学セントルイス校の考古学者コスモプロス氏は語った。

第一に、ミケーネ人の粘土板がそれほど早い時期に作られていたとは、考えていなかった。第二に、「これまで粘土板は一部の主要な宮殿でしか発見されていなかった」のだという。それまで最古とされていた粘土板も、ミケーネの都市にあった宮殿の遺跡から発見されている。

イクレナは、ミケーネの初期の時代には宮殿を擁していたが、やがて『イリアス』の主要登場人物でもあるネストル王の居所ピュロスの衛星都市になり下がった。「考古学調査で、古代の文字とギリシャ神話の両方と出会うのはめったにないこと」だとコスモプロス氏は記している。

偶然焼かれた粘土板

粘土板の欠片に刻まれた文字は、高さ約2.5センチ、幅4センチで、線文字Bと呼ばれている。ごく初期の古代ギリシャで使われたもので、約87種類の符号がそれぞれ一つの音節を表している。

ミケーネ人は、支配階級の関心事である経済的な事柄の記録のみに線文字Bを用いていたようだ。イクレナの粘土板の表面に

本当の話
エジプト、メソポタミアで発見された文字は、紀元前3000年頃のものと考えられている。

書かれていた文字は、製造業に関連する動詞を表していると思われる。裏には資産リストらしき名前と数が記されている。

　コスモプロス氏によれば、こういった記録は、一会計年度しか保管されなかったため、粘土板は保存がきくようには作られていなかった。同氏の調査は一部、ナショナル ジオグラフィック協会の研究・探検委員会の資金援助を受けている。

「粘土板は焼成されず、天日干しされるだけだったので、非常にもろいものでした。（中略）基本的に当時の人々は粘土板を穴に放り入れ、ごみと一緒に燃やしていたのです」とコスモプロス氏は説明する。「焼かれたことでこの粘土板は固くなり、保存されました」

トロイ戦争は史実か？

ホメロスは紀元前9世紀か紀元前8世紀に叙事詩『イリアス』を書いた。トロイが陥落したとされる時代の数世紀後のことだ。トロイ戦争とその偉大な戦士や王、アキレウス、ヘクトール、メネラーオス、プリアモスは何千年もの間、人々の心をとらえてきた。はたしてトロイは実在したのだろうか。研究者の多くは、トロイが実在し、滅びたことを肯定する。ただしトロイ戦争は一つの出来事ではなく、長い年月に及んだ一連の戦いだという説が有力だ。

最古の文字ではない

　イクレナの粘土板はヨーロッパの文字としては最古の例だが、世界にはもっと古い文字がある。今回の調査には参加していない、古典学の教授トーマス・パライマ氏は、アテネ考古学協会の紀要でこう指摘した。たとえば、メソポタミア、エジプトで発見された文字は紀元前3000年のものと考えられている。線文字Bは、線文字Aと呼ばれる未解読のもっと古い文字から発達した文字とされ、線文字Aは、さらに古い古代エジプトの象形文字に起源をもつというのが考古学者の間での通説だ。

魔法のように謎めいた文字

> **本当の話**
>
> ミケーネ文明の時代には、一握りの人間しか読み書きの能力を持たず、文字は一般の人々にとって魔法のように謎めいたものだった。

　それでもイクレナの粘土板は「特別な発見」だと、テキサス大学オースティン校でミケーネの粘土板と行政について研究しているパライマ氏は言う。年代もさることながら、この粘土板から、古代ギリシャの王国がどのように組織され統治されていたかを知る貴重な手がかりが得られる可能性がある。

　たとえば、これまで考古学者の間では、こういった粘土板がピュロスやミケーネといった首都や宮殿のある中心地でのみ作られていたという説が濃厚だった。イクレナのような格下の町の遺跡で粘土板が見つかったということは、ミケーネ文明の末期には、従来考えられていたほど、識字能力や官僚制度が中央に集中していなかったのかもしれない。

　パライマ氏によれば、ミケーネ文明時代に読み書きができたのはごく限られた人だけであり、一般の人々にとって文字は「魔法のように謎めいた」ものだったという。その後400年から600年の時を経て、古代ギリシャ文字が線文字Bに取って代わったころには、文字の神秘性は失われた。現代の26文字からなるアルファベットは、古代ギリシャ文字から進化したものだ。

バイキングは「太陽の石」で方角を知ったのか

バイキングは、無色透明な方解石の一種である氷州石（アイスランド・スパー）を頼りに航海していたのかもしれない。

バイキングの歴史が反映されている、サガと呼ばれるアイスランドの古い物語に、曇りの日には船乗りが「太陽の石」を使って太陽の位置を確認し、舵を取っていたと記されている。新たな研究により、「太陽の石」が実在したということがわかってきたという。

偏光特性を利用したコンパス

太陽の石は、太陽光の偏光を検出するために使われていた可能性がある。偏光は、光源からランダムに放射された光が、光沢のある面や霧などに当たったときに生じる、特定の方向を向いた光のことだ。

大気中を進んできた太陽光がこの石を通ると、偏光によって、光がどの方向から差しているかがわかる。ハチなど一部の生物は、生まれながらにして偏光を感知する能力を持っている。

1969年、デンマークの考古学者が、バイキングが実際に偏光を検出するために太陽の石を使用していたかもしれないと発表した。日時計や星などとともに、方角を知るのに使っていたというのだ。それ以来、研究者たちは、太陽の石が具体的にどのように使われていたのかを探ってきた。その点に関しては、サガは沈黙を守っている。

謎は解けたのか

　フランスのレンヌ大学の物理学者ギー・ロパール氏は、1592年に沈没した英国船オールダニー号から発見され、バイキングの太陽の石だった可能性があるとされる氷州石を使用して実験を行った。

　ロパール氏の研究チームは、氷州石に偏光させたレーザー光を照射し、偏光させた光と偏光させていない光が、氷州石によってどのように分けられるかを測定した。石を回転させると、ある一点でだけ2本の光の強さが同じになり、その角度は光源の位置によって変わることがわかった。

　つまり船乗りは、晴れた日に太陽の位置を示す印を石に付けておき、曇りの日はそれを頼りに、2本の光線の明るさを比較して太陽の位置を割り出していた可能性がある。

　それから研究チームは20人のボランティアを募り、曇った日の屋外で順番に氷州石を見てもらい、雲に隠れた太陽の位置をどのくらい正確に当てられるかを測定した。なんと1度以内の誤差で太陽の位置を当てることができた。

> バイキングはこの透明な結晶の性質をたまたま発見したのかもしれない。小さな穴をあけた覆いを通して見ていた可能性もある。（中略）偏光の知識は必要なかった。
> **ギー・ロパール**
> レンヌ大学

この結果は、「氷州石が理想的な結晶で、かなり正確に太陽の位置を確認できる」ことを示していると、スウェーデンのルンド大学の生態学者スザンヌ・アケソン氏は話す。

> **本当の話**
> 氷州石（アイスランド・スパー）は純粋で透明な方解石で、アイスランド・クリスタルとも呼ばれる。

　アケソン氏のチームは2010年に、バイキングが航海するにあたっては、地域の気象条件が北極圏の空で起きる偏光に及ぼす影響も考慮する必要があった事を指摘した。「一つ疑問が残るのは、バイキングの時代に氷州石が広く使われていたのかという点です」とアケソン氏は話す。

PART 9
とてつもない自然現象

自然はなんと素晴らしいのだろう。なんと安らかで、なんと堂々としているのか。なんと……奇妙なのか？ 見わたせば、私たちの周りにはおかしな自然現象がたくさんある。グアテマラには3階建ての建物を飲み込むほど大きな陥没穴があいていて、イエローストーン国立公園の下には超巨大火山が隠れ、メキシコには11メートルもの長さの結晶で埋めつくされた洞窟がある。自然が私たちをパニックに陥れようとしているかのようだ。

グアテマラ市の巨大陥没穴

2007年、2010年と立て続けにグアテマラ市の市街地に巨大な陥没穴があいた。この災害を引き起こした原因は何だろうか。

グアテマラの首都グアテマラ市に巨大な陥没穴があいたとき、すさまじい音をたてて、3階建ての建物が飲み込まれた。2010年以前にも、陥没穴の出現は2007年にも起きている。

陥没穴とは

　陥没穴は自然に起こる地面の沈下現象で、土などの粒子が水分を多く含んで重くなりすぎた場合に、地下にある空洞部分の天井が崩壊することで形成される。石灰岩の地盤に自然に生じた亀裂が、水によって拡大されて、陥没穴が形成されることもある。亀裂が大きくなるにつれて地表の土壌が少しずつ沈み込み、最終的に陥没穴があく。

　米国フロリダ大学の地質学者ジョナサン・マーティン氏は、陥没穴は長期間の干ばつのあとに大雨が降ると特にできやすいと語る。干ばつによって地下の空洞部分を満たしている水が干上がる

2010年のグアテマラの陥没穴は、洪水で陥没する以前に、数週間から数年もの時間をかけて形成されていたようだ。

と、その天井部分にある土壌を支える力が弱まる。そこに大量の水が染み込めば危険性は増すばかりだ。「熱帯低気圧が発生して大雨が降り、空洞上部の土壌が水を含むと、その重みで地面が陥没します」とマーティン氏は言う。

陥没穴ができる仕組みは正確にはわかっていないが、2010年の陥没穴は、数週間から数年間もの時間をかけて形成されていたようだ。最終的には、熱帯低気圧アガサによる洪水により崩壊した、と科学者たちは説明する。米国ケンタッキー大学の水文地質学者ジェームス・カレンズ氏によると、陥没穴の直径はおよそ18メートル、深さは30階建ての建物ほどあった。

下水管の問題

2007年にグアテマラ市で発生した陥没穴は、破損した下水管

> **本当の話**
>
> 米国における陥没穴の被害のほとんどは、フロリダ州、テキサス州、アラバマ州、ミズーリ州、ケンタッキー州、テネシー州、ペンシルベニア州で発生している。

が原因だと考えられている。カレンズ氏によると、2010年の陥没穴も同様に形成された可能性がある。破損した下水管や排水管の水が、長い時間をかけて少しずつ周囲の土壌にたっぷり染み込んでいたところに、熱帯低気圧アガサの洪水が加わったのかもしれない。「熱帯低気圧が現れて、さらに大量の水が染み込んだのでしょう。それが最終的な引き金となって崩壊が引き起こされたと考えてもおかしくありません」とカレンズ氏は述べる。

同氏によると、地表下の土壌の組成によっては、陥没穴はやがて拡大し、より多くの建物を飲み込む可能性がある。通常、陥没穴が発生すると、役所が大きな岩や瓦礫で穴を埋める。しかし今回のものは「とても大きいので、埋めるとしても、膨大な量が必要になるでしょう」

マグマだまりの膨張により、イエローストーンが隆起

米国イエローストーン国立公園の地下にある超巨大火山は、深い「呼吸」をしている。その影響で、2011年には地面が25センチも上昇した。大噴火の予兆なのだろうか。

イエローストーン国立公園の超巨大火山が、2011年に深い「呼吸」をし、その影響で何キロにもわたる地面が大きく上昇した。

眠れる巨人

ぐつぐつ煮えたぎるこの火山は、過去に何回か大きな噴火を起こしている。過去210万年の間に3回噴火したが、どの噴火も1980年に起きた米国ワシントン州のセントヘレンズ山の噴火の1000倍の規模だ。ワイオミング州にあるイエローストーン国立公園のカルデラは、短径40キロ以上、長径60キロ以上の大きさを持つ。このカルデラは、64万年前の最後の大噴火により形成された古い噴火口だ。それ以降、

本当の話

火山の噴火によって雷の閃光が発生することがある。

イエローストーン国立公園の間欠泉。

小規模の噴火が30回ほど発生し（最近のものはわずか7万年前）、カルデラが溶岩と火山灰で満たされ、今日見られるような比較的平坦な地形ができあがった。

　ところが、2004年から年間7センチもの速さでカルデラが上昇していることが発見された。ただし、2007年から2010年のあいだは年間1センチ以下の速さに落ちている。しかし、上昇が始まって以来、25センチも地面が上昇した場所があった。イエローストーンの火山活動に詳しいユタ大学のボブ・スミス氏はこう述べる。「この隆起は異常です。これほど広範囲で、これほどの速度で起こっているのですから」

次なる「げっぷ」を予測する

　科学者たちは、この隆起が地下7〜10キロにある「マグマだま

り」の膨張により引き起こされていると考えている。スミス氏によれば、幸いなことにこの隆起は大災害が目前に迫っていることを告げるものではないようだ。「噴火が引き起こされるのではないかと当初は危惧していました」。

今回の隆起についてスミス氏らが著した論文は、米国地球物理学連合の隔週刊誌「地球物理学研究報告」の2010年12月3日号に掲載されている。

「マグマが地下10キロにあることがわかると噴火の懸念はなくなりました。これが地下2〜3キロだったらもっと心配していたでしょう」。隆起に関する今回の研究によって、マグマだまりの様子を知るための重要な手がかりが得られ、やがてはイエローストーンで次の「火山のげっぷ」が起こる時期を予測するのに役立つかもしれない、と同氏は続けた。

定期的な火山の呼吸

米国地質研究所イエローストーン火山観測所のスミス氏らは、全地球測位システム（GPS）や干渉合成開口レーダー（InSAR）などの技術を用いて、カルデラの隆起と沈降の地図を作製し、地盤の変化について測定情報を提供している。

地盤の変化は、噴火に先立って、地下のマグマが地表に向かって上昇していることを示唆しているかもしれない。セントヘレンズ山を例にとると、1980年の噴火前の数カ月間に山の側面が劇的に膨張した。しかし、イエローストーンの超巨大火山を含め、地表の隆起や沈降が見られても、数千年間噴火しないと思われる例もたくさんある。

液状の熱いマグマ

　現在の理論によると、イエローストーンのマグマだまりには、地球内部のマントルから急激に上昇したマグマ（溶けた溶岩）が充満している。流れ込むマグマの量が増加するとマグマだまりは肺のように膨らみ、上部にある地面を押し上げる。今回の隆起をモデルに当てはめると、マグマだまりに毎年0.1立方キロのマグマが流入したと考えられる。理論上は、流入量が低下すればマグマは水平に広がり、凝固し、冷却される。そして地表は再び安定的な状態になる。

　スミス氏によると、地質学的証拠に基づけば、イエローストーンはおそらく過去1万5000年のあいだ継続的に膨張と収縮を繰り返していて、そのサイクルは今後も続く見込みだ。たとえば、1976年から1984年のあいだにカルデラが18センチ隆起し、その後の10年間で14センチ沈降したという調査結果がある。

「イエローストーンのカルデラは隆起と沈降を繰り返す傾向があります」と同氏は言う。「しかし、"げっぷ"はまれに熱水の噴出や地震を伴い、さらには噴火を引き起こすことがあり得ます」

火山、間欠泉、地震

　噴火がいつ起こるかを予測するのは非常に難しい。その理由の一つとして、イエローストーンの地下活動についての詳細がいまだ不明なことが挙げられる。さらに、イエローストーンでの活動についてのデータが連続的にとられるようになったのは1970年になってからのことだ。これは地質学的には極めて短い期間であり、得られたデータから結論を導くことは困難である。「地中深くにあるマグマがイエローストーンに供給されていることは明ら

かです。また、地質学的な時間軸で見ると最近といえる最後の噴火以来、マグマが浅い場所にあることもわかっています」。こう語るのは、米国地質調査所カスケード火山観測所のイエローストーン専門家ダン・ズリシン氏だ。

「地殻の中にマグマがあることは確かです。そうでなければ、現在の間欠泉の熱水活動はまったく起こっていないでしょう」と同氏は続ける。「現在、イエローストーンからは大量の熱が放出されています。もしマグマで繰り返し加熱されていなければ、7万年前の最後の噴火以降、すべての物質が石のように冷たくなっていることでしょう」

イエローストーンの直下にある大規模な熱水系は、公園内でもっとも人気がある観光スポットである間欠泉を生み出している。熱水系も、地表の膨張の原因の一つである可能性がある。しかし、それがどの程度寄与しているのかはわかっていない。ズリシン氏はこのように述べ、次のように問いを投げかけた。「地面の隆起が、新しく流れ込むマグマで起こるのではなく、熱水系に閉じ込められた水が熱せられて圧力が高まり、それによって起るということはあり得るだろうか。そして、熱水が地表に噴出すると、圧力が下がって落ち着くということはあるだろうか。こういった細かいことはなかなかわからないのです」

地面が震える

これは単に地面の上昇や沈降を観測すればよいという話ではない。火山活動や熱水活動によって異なる場所が異なる方向に動き、何らかの相互作用を及ぼしているかもしれないのに、いまだ場所が特定されていないのだ。イエローストーンで年間およそ3000回発生している地震から、地面の隆起と地中のマグマ

世界の超巨大火山

1. トバ湖（インドネシア、スマトラ島）：2800平方キロのカルデラにあるトバ湖は、イエローストーンの「姉」と言える。トバ湖をつくった7万4000年前の噴火は、世界的な寒冷化を引き起こした。
2. ロング・バレー（米国、カリフォルニア州）：520平方キロのロング・バレーでの最後の噴火は、250年前にモノ湖で起こった。
3. タウポ湖（ニュージーランド）：2万6500年前、巨大な噴火で1250平方キロのカルデラができた。その後西暦181年に再び噴火し、カルデラに水がたまってタウポ湖が誕生した。
4. バレス・カルデラ（米国、ニューメキシコ州）：450平方キロのバレス・カルデラの最後の噴火は120万年前である。周囲には今も温泉がある。
5. 姶良カルデラ（日本、鹿児島県）：1914年1月10日、390平方キロの姶良カルデラにある桜島の火山活動が活発になり、無数の地震が発生した。その2日後に火山が噴火し、火山灰、蒸気、溶岩を噴き出した。

だまりとの関係についてさらに多くの手掛かりが得られる可能性もある。たとえば、イエローストーン湖周辺の地域では、2009年12月26日から2009年1月8日のあいだに900回程度の地震が発生している。

ユタ大学のスミス氏によると、この「群発地震」が、マグマだまりのマグマを逃がして圧力を下げ、隆起の速度を抑えた可能性がある。「大きな地震は、マグマの貫入によって起こる地面の隆起や沈降に関係があるかもしれません」と同氏は言う。「貫入するマグマによって周辺の断層にどんな圧力がかかるのか、また、圧力が断層からマグマ供給系にどのように伝わるのかということは、非常に重要な研究領域です」

米国地質研究所のズリシン氏はこうつけ加えた。「総じて、イエローストーンの地層の変形作用は、調査技術が進歩すればするほどその複雑さが明らかになっています」

66年ぶりに認定された雲の新種

波立ち、うねうねした形の雲が、1951年以来、はじめて新しい雲として認定された。

英国人の雲マニア、ギャビン・プレイター＝ピニー氏は、2005年から、「感動的」で「奇妙」な種類不明の雲の写真を撮り始めた。同氏が撮影した奇妙な雲は、2017年、国連の世界気象機関の国際雲図帳に新種として登録された。

アスペラトゥス波状雲

ギャビン・プレイター＝ピニー氏は、その雲の形が、荒れた海面を水中から見上げた姿に似ているため、スキューバダイビングの装置の発明者ジャック＝イブ・クストー氏の名前から「クストー雲」とふざけて呼んでいる。しかしこの雲愛好家は、正式な雲の学名としては、「アスペラトゥス波状雲」（*Undulatus asperatus*）を提案した。おおよそ「とても荒く、暴力的で、無秩序な形のうねり」という意味だ、と『「雲」のコレクターズ・ガイド』（河出書房新社）を著したプレイター＝ピニー氏は説明する。

コロラド州ボルダーにある米国大気研究センターの雲の専門家マーガレット・レモーン氏は、30年間断続的にアスペラトゥス波状雲の写真を撮ってきたという。「人々が雲について熱く議論してこそ、気象学は発展するのです」と同氏は述べる。

> **本当の話**
> 雲は一つの重さが450トンを超えることがある。

これほど印象的な雲が今まで認定されていなかった理由を聞かれ、プレイター＝ピニー氏は、この雲がとても珍しいことを挙げた。また、デジタルカメラが普及して持ち運びもしやすいことに触れ、次のように述べた。「技術の進歩により、私たちは空を新しい見方で見られるようになりました」

未知の存在

新種として登録されたアスペラトゥス波状雲には、いまだ謎が多い。しかし、アスペラトゥス波状雲の波立つ下面は、暖かい空気と冷たい空気が形成する安定した層を、強風がかき乱してできるのではないか、と推測されている。

1950年代に国際雲図帳に最後の新種の雲が追加されて以来、衛星写真の影響で気象学者たちは、以前よりもずっと大規模な気象を観測するようになり、雲の形成といった小規模の現象にはあまり興味を持たなくなってしまった。しかし「流れは戻ってきています」とプレイター＝ピニー氏は言う。というのも、雲は取るに足りないものだと思われているが、気候変動予測において「未知の存在」で

都会の真ん中に住んでいても、空は最後の自然としてそこにあります。
ギャビン・プレイター＝ピニー
雲愛好家
『「雲」のコレクターズ・ガイド』著者

あるからだ。

　雲が気候変動において「大いなる未知」の存在であることには、レモーン氏も同意する。なぜなら、気候変動のモデルが緻密ではないため、変化する世界において、雲がどの程度の影響を及ぼしているのかわからないからだ。

不当な批判

　アスペラトゥス波状雲の正式な認定に貢献したギャビン・プレイター＝ピニー氏は、雲は「ぬれぎぬ」を着せられているという。「曇っていると人々は文句を言い、日が差す明るい人生観と比較します。私にとって、雲はもっとも美しい自然の一部です」

巨大結晶ができるまで

「結晶のシスティーナ礼拝堂」ともいわれるメキシコの洞窟の巨大な結晶ができた謎を、地質学者のチームが解き明かした。

メキシコのチワワ砂漠にあるナイカ鉱山の地下300メートルで、鉱業会社ペニョーレス社の仕事で新しいトンネルを掘っていた二人の鉱夫が、目を見張るような奇観を発見した2000年のことである。彼らが見つけたのは、過去最大級の天然の結晶で埋めつくされた洞窟だった。結晶は半透明の石膏の柱で、長さは最長11メートル、重さは最大55トンあった。
「これは自然の驚異です」と語るのはスペイン・グラナダ大学のファン・マニュエル・ガルシア=ルイーズ氏だ。

この「結晶洞窟」で、結晶がどのようにして巨大な姿になったのかという謎の解明に、ガルシア=ルイーズ氏と研究者のチームは7年の歳月を費やした。

> **本当の話**
>
> 結晶の洞窟内部は、平均温度50℃、湿度はほぼ100%だ。

結晶洞窟にある透明石膏の巨大な柱の前では、調査する人が小さく見える。

水中の奇跡

なぜ、これほど巨大な結晶ができたのかを知るため、ガルシア＝ルイーズ氏は、洞窟内部に残されていた水たまりを調べた。巨大に成長した理由は、結晶が硬石膏（無水石膏）という鉱物を多く含む水に浸され、58℃前後の非常に安定した温度に保たれていたからだという。ナイカ鉱山の洞窟で保たれたこの温度のもとで、水に豊富に含まれる硬石膏は変質し、石膏というやわらかくて透明な鉱物の結晶となる。

剣と結晶の洞窟

複数の採掘地からなるナイカ鉱山からは、世界でも有数の量の銀、鉛、錫が産出される。1910年、鉱夫たちは、結晶洞窟とは別の、これも壮観な洞窟をナイカ鉱山の下部で発見した。

壁が結晶の「短剣」で刺されたように見えることから「剣の洞窟」と呼ばれるその洞窟は、結晶洞窟よりも浅い、地下120メートルの場所にある。この洞窟には結晶洞窟よりも結晶の数は多いものの、大きさはずっと小さく、多くは1メートル程度だ。

結晶洞窟は、馬蹄形の石灰岩の空洞で、幅は10メートル、長さは30メートルある。床面はきれいに面取りされた結晶質のブロックだらけだ。巨大な結晶の柱はブロックと床面の両方から伸びている。「これほどきれいな鉱物

盗掘者たちよ、気をつけろ

結晶の洞窟は息苦しいほど暑く、くねくねした坑道を20分も運転しないと、入り口に戻れない。それにもかかわらず、盗掘者たちはこの宝物を狙ってやってくる。ある結晶に刻まれた深い傷は、何者かが柱ごと切り取ろうとして失敗した跡である。ほどなくして、洞窟には重たい鉄の扉が取り付けられた。

の世界を見られる場所は、世界のどこにもありません」とガルシア＝ルイーズ氏は語る。

冷却により作られる結晶

2600万年前に始まった火山活動によってナイカ鉱山は生まれ、その内部は高温の硬石膏で満たされた。硬石膏は58℃以上で安定する。その温度を下回ると、石膏のほうが安定的な状態になる。

鉱山下部のマグマが冷却されて58℃を下回ったとき、硬石膏は水に溶け始めた。これにより、水は徐々に硫酸塩とカルシウムの分子を豊富に含むようになった。それが非常に長い年月を経て、巨大な透明な石膏の結晶として析出したのだ。「結晶に大きさの限界はありません」とガルシア＝ルイーズ氏。

しかし、と同氏は続ける。これほど巨大な結晶が生まれるためには、結晶の洞窟が、硬石膏が石膏になる境目よりもわずかに低い温度で長期間保たれていたに違いない。対照的に、上部にある剣の洞窟では、石膏の変質が起こる温度の低下が速かったため、小さな結晶しかできなかった。

再び注水すべきか否か

結晶の洞窟と同じ条件がそろった場所が、世界のどこかにある可能性はわずかしかないものの、ガルシア＝ルイーズ氏は、ナイカ鉱山には、ここと同様に大きな結晶のある洞窟がほかにもあると考えている。「大きな結晶のある洞窟は地下深くにあり、温度は58℃に近いが、それを上回らない程度でしょう」

ルイーズ氏は洞窟を保存するよう鉱業会社に促した。

現在人間が洞窟に入れるのは、鉱業会社の排水作業で洞窟の水

> **本当の話**
> 世界最大の結晶は11.4メートルある。これは、10年で成長する平均的な結晶の長さの8倍になる。

が抜かれているからだ。排水が止まれば洞窟は水の中に沈み、結晶は成長を再開するだろう、とガルシア＝ルイーズ氏はいう。

それでは、鉱山がもし、あるいは時間の問題かもしれないが、閉鎖されたら？

「それは興味深い問題です。排水を続けて洞窟に入れる状態を維持し、将来の世代も結晶を眺められるようにすべきでしょうか。それとも、排水を止めて洞窟を元の状態に戻し、結晶が再び成長するようにすべきでしょうか」

5万年間、クローンで生存するコケ

ハワイ諸島に分布するオオミズコケは、およそ5万年前から、みずからを複製し続けているという。その古代のコケは、地球に現存する多細胞生物のなかで、もっとも古いものかもしれない。

か つてハワイ島だけで見つかっていた古代のコケは、ハワイ諸島のさまざまな場所で発見され始めた。研究によると、この小さな緑色の生き物は5万年ほどのあいだ、無性生殖であるクローン繁殖によって生存し続けているという。

コケのクローン

オオミズゴケ（*Sphagnum palustre*）は世界中で見られるが、ハワイに分布するオオミズゴケはみずからをコピーするだけで増殖しているようだ。ハワイ各地で採取されたどのコケの個体も、珍しい遺伝子を共通して持っていた。この珍しい遺伝子を持つコケはみな、大昔に風に乗ってハワイに運ばれてきた単一のコケの子孫であると考えられる。

研究に携わる米国ニュージャージー州立ラマポ大学の植物生態

学者エリック・カーリン氏は次のように記している。「珍しい遺伝子を持つこのコケは、もとは一つの個体だったと見るべきでしょう。珍しい

> **驚異の多様性**
>
> 遺伝子分析によると、ハワイのオオミズゴケの遺伝子は驚くほど多様なことがわかる。この発見は、無性生殖では遺伝子が交換されないため遺伝的に面白みがないという一般的な考えに反するものだ。

遺伝子を複数の個体のコケが共通して持っていたとは考えにくいです」

驚異の多様性

　ハワイ島コハラ山の頂上付近にある2万3900年前の泥炭の中に、オオミズゴケの化石が発見された。この化石から、カーリン氏らは、ハワイのオオミズゴケは少なくとも2万3900年前から存在し、さらにもっと前の年代から生育していた可能性もあると推測している。

　研究チームはハワイ島のコケの遺伝的多様性を分析し、突然変異がどの程度進んでいるのかを調べた。その数値によると、オオミズゴケが現在の多様性に到達するまでに、およそ5万年かかったと推測している。遺伝子分析によって多様性が驚くほど高いことも明らかになった。この発見は、無性生殖では遺伝子が交換されないため、遺伝的に面白みがないという一般的な考えに反するものである。

「突然変異は常に起こるので、オオミズゴケ同士は同一のものではありません」とカーリン氏は言う。

クローンの攻撃

　かつてオオミズゴケがコハラ山の頂上に「隔離」されていたのは、オオミズゴケに雌雄がないことが原因だろうとカーリン氏はみている。植物がほかの場所に移動するには、有性生殖によって種子や胞子がつくられ、それが風などで運ばれることが必要だからだ。しかし、人間は知らず知らずのうちにコケの移動に手を貸してきた。

　過去1世紀の間、コケは包装用の材料として使われてきた。それによってコケはハワイ島全域とオアフ島に広がることができた。カーリン氏によると、「持ち込まれた場所、特にオアフ島で、オオミズゴケは爆発的に繁殖しました」

　しかし、オオミズゴケの繁殖により、ハワイのほかの植物が駆逐されている。「これは問題です」とカーリン氏。「地表が土ではなく、一面のコケで覆われます。多くの植物の種子はコケの層では成長しないので、オオミズゴケは地面の生態系を一変させてしまうのです」

本当の話

オオミズゴケの学名で、属名の*Sphagnum*は、いまだ確認されていない植物に対して使われるギリシャ語だ。種小名の*Palustre*はラテン語で「湿地」や「湿地で育つ」という意味を持っている。

世界最大の洞窟

ベトナムの奥地のジャングルにある巨大な洞窟は全長が9キロあり、単一の洞窟としては過去最大の空洞を持つ。

ソンドン洞窟が世界最大の単一の洞窟であることを確かめる目的で、調査隊による最初の測定が行われたのは2009年のことだった。洞窟の入り口は1991年に発見されていたが、それがどれだけ大きな発見であったのかは、当時はわかっていなかった。

世界新記録

ソンドン洞窟はかなりの範囲で縦横80メートルの広さがあり、それまでの世界記録であるマレーシア領ボルネオ島のディア洞窟を上回る。ディア洞窟は縦横91メートルの広さがあるものの、長さは1.6キロしかない。調査隊はフォンニャ・ケバン国立公園のソンドン洞窟を4.5キロ歩いたところで、雨期の洪水に足止めされた。その時点で、洞窟がさらに長いことは十分に予測できた。

本当の話

ベトナムのソンドン洞窟の内部にはジャングルが広がっている。

ソンドン洞窟に差し込む日光のもとで輝く岩々。

ソンドン洞窟には数キロにわたって縦横140メートルの広大な空間がある。そう語るのは、英国洞窟研究協会が行ったこの巨大洞窟調査の一員であるアダム・スプレイン氏だ。スプレイン氏の調査隊は洞窟の壁を14メートルも登った。

レーザー測定

1991年にソンドン洞窟の入り口を発見した地元の農民に先導されて、2009年4月、英国とベトナムの共同調査隊は洞窟に入った。調査隊は石灰岩でできた最初の2.5キロ部分を流れる川に加え、70メートル以上ある石筍も発見した。

調査隊はレーザー測定機器を使って、ソンドン洞窟の大きさを調べた。このような最新技術を使えば洞窟の大きさはミリ単位で計測できる、と語るのはフランスに拠点を置く世界的な洞窟調査機関、国際洞窟学連合（UIS）の会長アンディ・イービス氏だ。「レーザー測定機器を使用すれば、洞窟の大きさはきわめて正確に測れます」と同氏は言う。「このように測定をすると、洞窟は以前より小さくなる傾向にあります。数年前に報告された大きさは推定値でしかなく、推定は過大になりがちだからです」

イービス氏は調査に参加していないが、2009年の探査により、ソンドン洞窟の大きさが記録的であると確認されたことに異存はない。その結果、世界最大の地位から陥落したボルネオ島のディア洞窟がイービス氏の発見であるにもかかわらず、である。「ベトナムのこの洞窟のほうが大きい」と同氏は認める。

しかし、イービス氏は、なお

本当の話

ソンドン洞窟は150個ほどある洞窟群の一つだ。この洞窟群はアンナン山脈にあり、その多くはまだ調査されていない。

も自分が世界最大の洞窟の発見者だと主張することはできる。「ボルネオのサラワクチャンバーもとても巨大な空洞ですから、あながち負けたとは言えません」と同氏は続ける。「ロンドンのウェンブリー・スタジアムの3倍の大きさがあります」

騒々しく恐ろしい

　石灰岩の小洞窟が多いこの地域を英国は過去に調査していたが、ソンドン洞窟はなぜか発見されていなかった。「ベトナムのこの地域の地形は調査するのが難しいのです」と調査隊のスピレイン氏は語る。

「ソンドンの洞窟は道路からとても離れた場所にあります。全体がジャングルに覆われていて、グーグルアースを使っても何も見えません」と、スピレイン氏は無料の3次元地球儀ソフトを引き合いに出した。

　スピレイン氏はこうも述べた。「非常に接近しないとその洞窟の存在に気づきません。過去の調査で調査隊が洞窟の入り口から数百メートル以内の範囲まで近づいて調べたのは確実ですが、入り口の存在には気づきませんでした」

　後日、調査隊が聞いたところでは、現地の人々はその洞窟の存在を知っていたものの、洞窟への恐れから内部には入らなかったという。「洞窟では、とても大きい音を立てて風が吹き、洞窟内部の川の音も聞こえます。だから、洞窟はとても騒々しくて恐ろしい場所なのです」

カン氏がいなければ洞窟の発見はかないませんでした。3回の調査の末、やっとソンドン洞窟を見つけたのです。カン氏が最初に洞窟の入り口を見つけたのは少年のときでした。彼は場所を忘れていましたが、再び入り口を見つけたのです。

ハワード・リンバート
英国人洞窟調査隊、ソンドン洞窟の発見における村人ホー・カン氏の助力について

とスピレイン氏は述べた。

　調査隊がさらに心配していたのは、ソンドン洞窟に生息する有毒のムカデである。スピレイン氏によると、調査隊はサルが天井を伝って洞窟に入り、カタツムリを食べる様子にも気がついたという。

「洞窟には300メートル上空から何本かの日光が差し込んでいました。サルなら簡単に出入りできますよ」

より大きな洞窟はあるのか

　国際洞窟学連合のイービス氏によると、世界にはソンドン洞窟より大きな洞窟がほぼ確実にあるという。「これが洞窟調査の醍醐味です」と同氏は言う。「たとえば衛星写真を手掛かりにすれば、ソンドン洞窟をしのぐ大きさの洞窟が、アマゾンの熱帯雨林の奥深くに存在することがわかります」

PART10

有史以前の生き物

古生物学者たちは、奇妙な化石に夢中になる。そのため、風変わりなものを好む人間だと思われているかもしれない。彼らの日々の仕事は、変わった動物を見つけることだ。たとえば、海の怪物、ふとももの筋肉が史上最大だった恐竜、ウサギ跳びができないウサギなどだ。毒を持つ恐竜や翼に武器がある鳥は、私たちにとっては不気味にしか思えないかもしれない。しかし、はるか遠い過去の生物を掘り起こす者にとっては当たり前のものなのだ。

海の怪物?
巨大なあごの化石

世界最大と思われるあごを持つ海の怪物は、映画『ジョーズ』に登場する人食いザメと互角に戦えただろう。

英国南部のドーセット州立博物館で2011年、「海の怪物」の頭骨が公開された。この怪物は、かつて世界中の海を泳ぎ回っていた恐るべき肉食の海生爬虫類だ。

　全長2.4メートルの頭骨を持つこの生き物は、プリオサウルス類に属している。プリオサウルス類は、首長竜なども属するプレシオサウルス類の仲間に含まれるが、首は短く、ワニのように大きな頭と非常に鋭い歯を持つ。同博物館によると、これは1億5500万年前の海の生物で、一噛みで自動車を真っ二つにしてしまうほどだったという。

　同館の展示では、プリオサウルス類の化石は、当時の姿がわかるように実物大の頭部模型がつくられている。また、高エネルギー領域のマイクロフォーカスCTスキャナからのデータを利用して、3Dモデルも

メキシコのプリオサウルス類

2002年にメキシコで、ドイツ人古生物学者二人が、1億2000万前のプリオサウルス類の化石を発見した。その頭の大きさは、自動車ほどもあった。

作成された。プランクトンの化石が残っている可能性があることから、化石片に付着した泥の中を探す作業なども行われた。

化石を発見

今回の頭骨を発見したのはアマチュア収集家のケバン・シーハン氏だ。同氏は2003年から2008年に、英国の世界遺産ジュラシック・コーストでプリオサウルス類の頭骨の化石片を見つけた。ここはイギリス海峡に面した全長152キロの海岸で、化石の宝庫である。シーハン氏はジュラシック・コースト沿いのウェイマス湾の海岸線で、くずれた土砂のなかから化石片を採取した。最大の化石片は、重さ80キロを超えていたという。同博物館によると、その後、別の収集家2名が3個の化石片を発見したことで、頭骨全体の95％以上が復元された。

「断崖から発掘された化石を完全に復元できたことは、驚くべき成果です。なぜならこの断崖は、太古から長期間にわたって侵食を受け続けてきたにもかかわらず、化石の重要な部分が残されていたのです」と、ジュラシック・コースト・チームの地学部門責任者であるリチャード・エドモンズ氏は述べる。同チームはドーセット州職員で構成され、この世界遺産地域の保護活動を行っている。

この化石はドーセット州立博物館に買い取られ、英国サウサンプトン大学のチームが調査を行って、史上最大の完全なプリオサウルス類の頭骨であるとの見解が出された。

しかし、米国ワシントンD.C.にあるスミソニアン国立自然史博物館の古生物学者ハンス・ディータ・スーズ氏は、「最大かどうかを判断するには時期尚早だ」と指摘する。「プリオサウルス類の多くは体が大きいので、巨大なプリオサウルス類が発見される

これが海の怪物だ！

1：2009年にドーセット州で発見された**プリオサウルス類のあごの化石**は、古生物学者リチャード・フォレスト氏によって、長さが計測された。

2：**プリオサウルス類の頭部**の復元模型（ドーセット州立博物館）。

3：プリオサウルス類の**頭骨の化石**。首が長いプレシオサウルス類の一種だが、こちらの首は短く、ワニのように大きな頭部と非常に鋭い歯を持つ。

4：プリオサウルス類のある種は**捕食に適するように進化**し、特大サイズの目、鋭い歯、非常に大きな頭部などを備えていた（ナショナル ジオグラフィック調べ）。

PART10　有史以前の生き物

たびに最大だと印象づける傾向は好ましくありません。メディアが取り上げるにはよい材料かもしれませんが、科学的な裏づけはないのです」

新種に登録される

プリオサウルス類は繁栄した海生爬虫類だった。仲間のある種は、獲物をとらえるのに適するように進化を遂げ、特大サイズの目、鋭い歯、非常に大きな頭部などを備えていた。全長は16メートルと推定されている。

この化石はその後、プリオサウルス・ケバニ（*Pliosaurus kevan*）と名づけられ、新種として登録された。ただし、ハンス・スーズ氏は、「ジュラ紀後期のプリオサウルス類の分類は依然として混乱しています。ヨーロッパの全標本に関する信頼性の高い調査が必要です」と指摘している。

北極地方の海の怪物

2008年にノルウェーで頭骨の化石が一つ発見され、プリオサウルス類のものとわかった。歯の大きさはキュウリほどもあり、全長は平均的なザトウクジラと同程度の10〜13mと推定された。

最古の海綿動物

「鏡よ、鏡。この世で一番初めのご先祖様は誰?」。答えは驚くべきものだった。

アフリカで見つかった海綿状の微細な化石は最古の動物で、おそらく進化において最古の祖先である可能性があるという。オタビア・アンティクア(*Otavia antiqua*)と名づけられたこの生物は、アフリカ南西部ナミビアにある7億6000万年前の岩石から見つかった。とても小さく、そして非常に貴重な生物だ。

小さく始める

「化石は砂粒ほどに小さく、何百もありました」と、研究のリーダーである英国セント・アンドリューズ大学の地質学者アンソニー・プレイブ氏は話す。「実際にこの化石を含む岩石の薄片を調べれば、何千もの化石が見つかるでしょう。つまり、この生物は、非常にたくさん存在していた可能性があるのです」

この小さな海綿状の生物が、とてつもなく大きな進化の流れの始まりになったと、研究者グループは主張する。おそらくオタビアは最初期の多細胞動物で、恐竜や人間などといった、私たちが

煙突付きストーブのような形をした現生のカイメン。

動物として分類している、あらゆるものの祖先に当たるかもしれないというのだ。

最古の動物

オタビアの発見前に最古の動物として考えられていた後生動物（細胞が組織と器官に分化した多細胞動物全般を指す）も、海綿状の原始的な体を持っていた。生息年代はおよそ6億5000万年前とされている。

プレイブ氏の研究チームは、化石が発見された場所から推測して、オタビアの生息域は、ラグーンや浅瀬などの穏やかな水域であったと考えている。また、チームは、オタビアは藻類や細菌類を食べていたと考えている。

> **本当の話**
> 現生の海綿動物は約9000種類が存在すると考えられており、地球上の水のある、あらゆる環境に生息している。

最初に管状の体にある多数の穴から中心部へ食物を取り込んで消化し、それから体細胞が直接吸収していたようだ。そして、このような単純な仕組みは効果的だったらしい。

化石から、オタビアは少なくとも2回の全地球凍結を生き抜いていることがわかる。全地球凍結はスノーボールアースとも呼ばれ、厳しく長期にわたる寒冷期で、地球上のほぼ全土が氷で覆われた時期である。これほど環境が激変したにもかかわらず、「オタビア化石のもっとも古い年代のものと、もっとも新しい年代のものを比べると、いずれも卵管に似た同じ形で、外に通じる大きな開口部を持っている」とプレイブ氏は語った。

つまり、オタビアはほぼ進化せずに、少なくとも約2億年生き続けたのだ。このことは、オタビアに高い存続性が備わっていたことを示していると、同氏は述べている。

翼をヌンチャクのように使う鳥

太古の飛べない鳥類を怒らせてはいけない。きっと大変なことになるだろう。

現在のジャマイカには、飛ぶことはできなかったが、翼を武器のように使って、敵を打ち負かす鳥が生息していたという研究がある。

　鳥の名前はクセニシビス（*Xenicibis*）という。一風変わった翼の上腕部を、武器のヌンチャクのように振り回し、翼角の関節から伸びた頑丈で湾曲した翼の骨で、敵に一撃を加えていたらしい。研究論文の共著者であるエール大学のニコラス・ロングリッチ氏は、武器のような翼は非常に珍しかったので、当初は奇形なのだと考えていた。

「武器を持つ鳥は多いが、このような武器は見たことがありません」とロングリッチ氏は驚く。

武器を持つ翼

　クセニシビスはトキ科に属する絶滅した鳥だ。成長すると大型のニワトリほどの大きさになる。以前から存在は知られていた

が、数体の骨格の一部が発見され、翼の骨が特殊であることがはじめてわかった。

翼は鳥の身体でもっとも強力な部分の一つで、現在の鳥類にも武器のような特殊な翼を持つものもいる。たとえばサケビドリ科の鳥は、翼の翼角に2本の短剣のような爪があり、繁殖期になるとこれで闘う。また、フナガモは手首にあるこぶ状の骨でほかの鳥の骨を折り、殺すことさえもあるという。ロングリッチ氏と研究チームは、クセニシビスの翼は、飛ぶ力を失った代わりに、戦いに特化した形に進化したのではないかと考えている。

> こんなふうに進化した動物は珍しい。体をヌンチャクのように使う動物は、ほかの種では聞いたことがない。今までに見た鳥の武器の中で、もっとも特殊化されたものだ。
> **ニコラス・ロングリッチ**
> エール大学、研究リーダー

武器となった翼

クセニシビスの化石を調べたところ、格闘していたと思われる痕跡があった。ある翼は人間の手骨に当たる部分が折れていて、別の翼は厚さ1センチの上腕骨が真っ二つに折れていた。クセニシビスの近縁種である現生のトキの仲間には「武器となる翼」はないが、それ以外の骨格は解剖学的に類似している。そのためトキの習性は、クセニシビスが体に備えていた武器をいつどのように使っていたかを解明する際の参考になる可能性がある。たとえばオスのトキは、巣作りと餌探しのために縄張り争いを頻繁に行う。

ただし、クセニシビスの強力な翼は、同種のオス以外の敵を追い払うのにも必要だったかもしれない。「ドードーのような飛べない鳥の場合はほとんど、周囲に捕食者が存在しませんでした。これに対し、クセニシビスがすんでいた当時のジャマイカには、

多くのヘビや猛禽類などの敵がたくさんいました。クセニシビスは、身を守る術を増やす必要があったのかもしれません」とロングリッチ氏は語る。

ヌンチャク鳥は夕食にぴったり？

そして、研究チームが何よりも関心を持っているのが、この鳥がたどった運命だ。クセニシビスは少なくとも1万2000年前には生息していた。しかし、化石の発掘数が少ないため正確な絶滅時期は判明しておらず、また、古代の人類によって絶滅させられたのかどうかもわかっていない。

ロングリッチ氏はこう話す。「クセニシビスは、人類がジャマイカに定住し始めた数千年前よりもはるか昔に絶滅したのか。それとも人類がやって来たあとに絶滅に追い込まれたのでしょうか。家族の夕食には手ごろな大きさだし、飛ぶこともできない。人類のこん棒を使いこなす能力もかなり高いので、クセニシビスにとっては不利な闘いになったでしょう。もっとも、現段階でははっきりしたことは言えませんが」

ボクシングをする鳥たち

恐鳥類とも呼ばれる先史時代のフォルスラコスの仲間には、頭骨が手斧（ておの）のような形をしたものがいる。頭骨で獲物を連打して、獲物の命を奪ったと考えられている。頭骨は現代の馬の頭の長さほどあり、とても硬くて丈夫なため、獲物にまっすぐ振り下ろしても大丈夫だった。クセニシビスと同様、恐鳥類も飛べなかったので、地上で生き抜くために、頭骨を発達させたのかもしれない。

天敵を蹴り殺す竜脚類

専門家によると、筋肉がたくましい脚を持つ短気な植物食恐竜は、恐ろしい肉食恐竜を蹴散らしたという。

ずば抜けた脚力を持つ恐竜がいた。気質は短気で、強力な蹴りを天敵にお見舞いした。

全長14メートルの竜脚類ブロントメルス・ムキントシ（*Brontomerus mcintoshi*）は、巨大な腰骨に強力な筋肉がついていたという。研究論文の共著者で、米国カリフォルニア州ポモナにあるウェスタン健康科学大学の解剖学助教授マシュー・ウェデル氏は、「ブロントメルスのたくましい脚は偶然の結果ではなく、何か明確な役割があったと考えられます」と話す。

「雷の大腿」攻撃

植物食で四足歩行、体が巨大な竜脚類ブロントメルスは、太い脚を、起伏に富んだ大地を上手に歩き回るためか、または天敵を思い切り蹴飛ばすために使っていたのではないかとウェデル氏は語る。

属名のブロントメルスは、ギリシャ語で「雷の大腿（だいたい）」を意味す

敵から我が子を守る母親ブロントメルス（想像図）。

る。「恐竜の子孫であるニワトリのように凶暴で、敵を容赦なく蹴飛ばし、踏み殺していたかもしれません」と同氏は続ける。

　太い脚の目的が歩き回るためだったのか、敵を蹴り飛ばすためだったのかはともかく、小さな脳のブロントメルスは、たえず周囲の肉食恐竜を極度に警戒し、自身と子どもを守ろうとしていたのでしょう」

巨大な脚筋

　ブロントメルスの化石が最初に発見されたのは1994年。ユタ州東部にある化石採集場から、正体不明の恐竜の破損した骨が二つ発掘された。ほかの部位はすでに持ち去られていた。

　その後2007年にウェデル氏ら研究チームが骨を調べたところ、新種と確認され、しかも想像を超えた恐竜であることがわかった。骨の形状から、これまで発見されている竜脚類のなかで、史

上最大の脚の筋肉を持つことが判明したのだ。

ブロントメルスが生息していたのは、約1億1000万年前の白亜紀前期である。同時代のデイノニクスやユタラプトルなどの恐るべき肉食恐竜を撃退するために、巨大な筋肉がついた脚という強力な防御手段を必要としたのだろう。

> **本当の話**
> 最大の恐竜は植物食だった。

竜脚類のサファリパーク

「白亜紀前期の動物は、現代のアフリカにあるセレンゲティに似た地形のなかでくらしていたと考えられます。川や泥だまりがあり、高台には乾燥地帯が広がっていました。平原のところどころで、植物食恐竜のテノントサウルスがウシのように群れていました」とウェデル氏は語る。

「タイムマシンで当時にさかのぼれば、サファリを楽しむこともできたでしょうが、自動車で行くとするとランドローバーでも危険です。きっと戦車くらいに頑丈でないと無理でしょうね。遠方から双眼鏡で眺めるぶんには、ブロントメルスもおそらく魅力的な動物でしょう」と同氏は言う。

「ただし近寄ったならば、悪夢のような恐ろしい目にあうでしょうけれどね」

鳥が恐竜より賢いのはなぜか？

6600万年前の「鳥頭」はそれほど悪いものではなかった。ちっぽけな脳みその恐竜が滅びた一方で、脳が大きかった鳥類は生き延びたのだ。

世界を襲った大災害によって恐竜は絶滅したが、鳥類が生き残ったのは、知力が優れていたからだという。

鳥頭＝大きな脳

　ビクトリア朝時代に英国南東部で発見された、先史時代の2羽の海鳥の化石の調査が、ロンドン自然史博物館の研究者グループによって行われた。その結果、5500万年前の2羽の海鳥の頭骨から、鳥類の祖先の脳がこれまで考えられていたよりも大きく、複雑に発達していたことが明らかになった。

　このことは、鳥類の祖先が、恐竜や、軽快に空を飛ぶ翼竜などの爬虫類よりも、優れた知力を備えていたことを示している。研究論文の共著者であるアンジェラ・ミルナー氏は、鳥類は脳のおかげで、約6600万年前に起きた白亜紀末の大量絶滅後の世界にうまく適応できたのはないだろうかと述べている。

鳥類は羽毛や内温性を持っていたため、現在まで生き延びることができたという説もあるが、古代の鳥類も一部は絶滅しているため、それだけでは説明がつかない。「何かほかの要素があったに違いありません。それが、大きな脳なのではないかと考えます」と同氏は言う。

鳥類の能力

　2009年にリンネ協会の学術誌「ズーロジカル・ジャーナル」で発表された研究は、ロンドン自然史博物館が所有する莫大な化石コレクションのなかの二つの標本に基づいている。一つは、オドントプテリクス・トリアピカ (*Odontopteryx toliapica*) という、巨大な骨質歯を持つ絶滅した海鳥のグループの仲間である。もう一つは、プロファエトン・シュルブソレイ (*Prophaethon shrubsolei*) といい、熱帯に生息する海鳥の先史時代の近縁種で、現在のカモメ科のアジサシに似ている。

　ミルナー氏の研究チームでは、化石の頭骨のCTスキャンを使って、2羽の鳥の脳の大きさと形状を模したモデルを作成した。これによって、古代の鳥類の脳が現生の鳥類の脳とほぼ同じ大きさであることが明らかになった。また、ヴルストと呼ばれる脳の一部の領域が早い時期から発達していたこともわかった。「この領域は、環境

> **本当の話**
> 古代の海鳥の脳は、現生の鳥類の脳とほぼ同じ大きさであることが明らかになった。

を理解して記憶するといった複雑な動作や認識に関連しているようです」とミルナー氏は言う。したがって同氏は、今回調べた鳥には白亜紀末の大量絶滅後の「厳しい自然条件にうまく対応できる能力が備わっていました」と語る。

　鳥類の化石の頭骨は時間の経過とともに押しつぶされているのが一般的であり、白亜紀末の大量絶滅期の標本は確認されていない。しかし今回5500万年前の鳥類で見られた脳の進化は、おそらく6600万年前よりも以前から始まっていただろうと、同氏は述べている。

　1億4700万年前の最古の鳥である始祖鳥（*Archaeopteryx*）の化石については、脳が「今回調べた鳥のものよりもはるかに未発達でした」と同氏は言う。

さらなる化石の発見を切望

　米国テキサス大学オースティン校の地球科学者ジュリア・クラーク氏はこの研究にはかかわっていないが、同氏によると、恐竜が絶滅したあとも鳥類が生き延びた理由については、相反するさまざまな学説があるという。たとえば、現生のあらゆる鳥の先祖は、かつて南半球に存在したとされる古代の超大陸ゴンドワナの最南端に起源を持つという説がある。そこにいた鳥類が、白亜紀末の大量絶滅による環境悪化に巻き込まれずにすんだのではないかというのだ。

　また現生の鳥類は、環境悪化の影響が内陸ほどは大きくなかった沿岸の生息地で進化したという説もある。クラーク氏による

と、今回の研究は、鳥の進化について新たな価値ある証拠を提示したことに加えて、化石に対する古生物学者の研究意欲をいっそうかき立てる興味深い理論でもあるという。

「現生のすべての鳥に非常に近縁だが、系統樹からは外れている種について、その脳と骨格がわかる、状態のよい化石を切望しています。これまでに発見された化石だけでは、最初期の鳥類の脳のことしかわかっていません」

ネアンデルタール人は
愛のために絶滅？

ネアンデルタール人は、繁栄したホモ・サピエンス（現生人類）によって滅ぼされたという研究がある。だが、絶滅の理由はホモ・サピエンスの暴力行為ではなく、愛の行為の結果だったのだ。

ネアンデルタール人が絶滅したのは、現生人類との異種交配の結果だったという研究が発表されている。研究チームによるシナリオは次のようなものだ。

寒冷化する気候を乗り切るため、ネアンデルタール人は果敢に遠くへと移動を続けた。そして到達した新たな地で現生人類と交配する機会が増え、混合種が生まれるようになった。何世代にもわたる遺伝子の混合によって、数が圧倒的に少ないネアンデルタール人のDNAに含まれるゲノム（遺伝情報）は、現生人類のなかに吸収されて減っていった。

研究論文の共著者で米国のアリゾナ州立大学人類進化・社会変化学部の考古学者マイケル・バートン氏は、こう説明する。「あるグループが移動して、すでに別のグループが居住している地域内で増えると、これらの集団間で遺伝子の流動が進みます。その結果、一方の集団はグループとしての識別が不可能となり、やが

復元されたネアンデルタール人の女性。

て消え去ります」

当然のなりゆき

　ネアンデルタール人はおよそ3万年前に絶滅したとされている。その原因については、寒冷化する世界に対して、現生人類のように適応できなかったためとの説がある。

　しかしバートン氏の説は異なる。氷河期が始まったとき、ネアンデルタール人は現生人類と同じように対処し、食料やさまざまな物資を求めて、遠くまで歩き回っただろう。「氷河で覆われた地域が広がるにつれ、利用できる土地は限られていったでしょう。そこでネアンデルタール人と現生人類は同じように、生き延びるための特別な手段に着目しました。これは今日も高緯度地方で見られる方法です」と同氏は語る。

「その手段とは、本拠地をつくって狩猟部隊を送り出し、物資を持ち帰らせるというものでした。移動範囲が広がると、遠く離れたほかの集団と接する機会も増えます。考古学的なデータによると、ユーラシア大陸では、氷河期が進むにつれてこのような傾向が強まったのです」

> 通常、新たな集団に最初に遭遇するのは男性たちで、おそらく狩猟部隊でしょう。そして男性のことだから、ほかの集団の女性に出会ったならば、きっと交配を行うはずです。
> **ベンス・フィオラ**
> 古人類学者、ネアンデルタール人と現生人類が交配した理由を推測して

二つの集団は乏しくなっていく物資を分け合わざるを得なくなり、同氏の説のように、互いに接する機会が増えるにつれて交配も頻繁になった。「ほかにもいろいろなことが起こったかもしれませんが、科学はもっともシンプルな説明を求めます」と同氏は続ける。「今回の説には大規模な移住や侵略といった事柄は含めていません。人間が普段行っていることに限っています」

異種交配の増加による影響を評価するため、バートン氏の研究チームは、ネアンデルタール人の1500世代にわたる調査の計算モデル化を行った。この結果により、以前から唱えられている「現生の人類による遺伝子汚染のために絶滅した」という説が裏づけられた。

遺伝子汚染

遺伝子汚染はネアンデルタール人の絶滅に関する説としてはマイナーだが、動植物における種の絶滅の原因としてはよく知られている。たとえば、魚のマスの場合、その地方で生まれ育った固有種からなる小規模の集団は、異なる種が大量に流入してきて交配するようになったあと、遺伝的な独自性を失う可能性がある。

「ある地方に固有の個体群が特殊化し、何らかの理由で近隣の個体群との交流が生まれて活発に交わると、絶滅につながる傾向があります。とくに、片方の個体数が圧倒的に少ない場合はそうなりがちです」とバートン氏は説明する。「保全生物学では、これを交配による絶滅と呼んでいます」

獲物を探して

ドイツのライプチヒにあるマックス・プランク進化人類学研究所の古人類学者ベンス・フィオラ氏は、異なる研究結果が出たモデルや、異種交配がほとんど生じなかったという研究論文がそれぞれ複数存在すると指摘すると同時に、バートン氏の研究結果は非常に好奇心をそそられるものだと述べている。

「考古学および人類学の観点から見た場合、この結果は興味深く、自分の考えにも近い。やはり、異種交配は頻繁だったと考えられるでしょう」とフィオラ氏は続ける。「通常、新たな集団に最初に遭遇するのは男性たちで、おそらく狩猟部隊でしょう。そして男性のことだから、ほかの集団の女性に出会ったならば、きっと交配を行うはずです」

バートン氏は、異種交配によって、ほかの人類種や人類の祖先となった種も絶滅したと考えている。「とはいえ、その遺伝情報は消滅してはいません。おそらく文化と共に、数の多かった狩猟採集民のなかに融合していったのでしょう」

フィオラ氏は、異種交配は原因の一つではあったが、唯一の原因ではないと考え、次のように述べている。「ネアンデルタール人が姿を消したおよそ3万年前には寒冷化が始まり、体が適応できず生き延びることができなかった可能性があります。また、アフリカからやって来た現生人類によってある種の病気が持ち込ま

れ、それに対する免疫がなかったのかもしれません」

そしてフィオラ氏は続ける。「このような点を従来の考古学的手法で調査するのは非常に難しいため、さまざまな考えを詳細に調べるのに計算モデルが役立っています」

> **本当の話**
>
> DNAを調べたところ、ネアンデルタール人はユーラシア大陸東部のシベリアにまで移動していたことが明らかになった。

毒牙を持つ恐竜

1億2500万年前にいた恐竜は、鋭い歯以上に強力な武器を持っていた。毒ヘビさながらに、毒を使って獲物をショック状態にしたと、研究チームは考えている。

映画『ジュラシックパーク』(1993年) には擬似科学の要素がぎっしり詰まっていたが、2009年発表の新説を予見していたと思われる部分もあった。その説に登場するのは、毒を持つラプトルの仲間だ。

溝を探して

今から1億2500万年前に生息していたシノルニトサウルスは、映画のなかで毒を吐いていたディロフォサウルスとは大きく異なるが、上あごの後方の左右に毒牙がある後牙類の毒ヘビのような方法で、攻撃をしていた可能性があるという。後牙類のヘビは、針状のもので毒を獲物に送り込むのではなく、牙の表面にある溝に沿って毒液を獲物の噛み傷に流し込み、ショック状態を引き起こす。

研究によると、シノルニトサウルスの頭骨の化石に興味深い

> **本当の話**
> 後牙類のヘビは、毒を獲物に注射するのではなく、牙の表面にある溝に沿って毒液を獲物の噛み傷に流し込む。

空洞が見つかったという。空洞部分には毒腺があり、そこから長い溝に入った毒管が牙の根元につながっていた可能性がある。また、シノルニトサウルスの牙の特徴として、毒ヘビの牙と同じような溝が表面にあるという。

この研究論文の共著者である、米国カンザス大学の自然史博物館および生物多様性研究センターの古生物学者デビッド・バーナム氏は次のように語る。「毒液は、毒腺から出ている管を通って歯のつけ根まで送られ、そこから歯の溝へとあふれ出ました」「そのため、牙が獲物の体の組織に突き刺さると、唾液が発達したものである毒液を噛み傷から送り込むことが可能でした」

強烈なひと噛み

シノルニトサウルスは、映画のラプトルたちと同じドロマエオサウルス科に属し、シチメンチョウほどの大きさで、羽毛が生え、現在の中国北東部にあった森林に生息していた。鳥類に似たシノルニトサウルスは、おそらくその長い牙を使って、同地域にすんでいた鳥類に噛みついていたとバーナム氏は述べる。また、後牙類の毒ヘビや一部のトカゲと同じように、毒は致命的ではなく、獲物を無抵抗の麻痺状態にして静かに食べるためのものだったようだ。

バーナム氏の研究は、毒を持つ可能性のある別の恐竜の牙の化石が2000年に発見されたことと、現存する最大の肉食トカゲであるコモドオオトカゲが、噛みついて毒を流し込んで獲物を弱らせてから食べることにヒントを得ている。

つかまえた！ 狩りの最中のシノルニトサウルス・ミレニー（*Sinornithosaurus millenii*）の模型。

　現在の鳥類は、シノルニトサウルスのような恐竜の子孫だと考えられているにもかかわらず、歯がないため、毒を出す構造は持っていない（ただし一部の鳥類は、皮膚や羽毛に毒を持っている）。しかしバーナム氏の関心は、シノルニトサウルスの毒を使う能力について、その後どう進化したかよりもむしろ、どんな祖先に起源を持つのかにある。

「毒はどれほど昔から備わっていたのでしょう？ 恐竜や鳥などの祖先に近い、初期の主竜類の動物にまでさかのぼるものなのでしょうか？」。同氏は、恐竜よりさらに3000万年以上前に生息したとされる爬虫類にも言及する。「この問題の検証は、まだまだこれからです」

巨大ウサギの化石発見

ウサギの王はスマートでもしなやかでもなかった。古生物学者によると、丸々としたビーチ好きの動物だったらしい。

復活祭（イースター）よりも一足早い2011年3月、スペインのミノルカ島で発掘調査に取り組む研究者たちのもとに、贈り物を持ってくると言われる「イースター・ウサギ」が訪れた。地球の歴史上でもっとも大きなウサギの新種が発表されたのだ。研究者チームは、ウサギらしからぬ巨大な動物に「ミノルカの野ウサギの王」を意味する「ヌララグス・レックス」(*Nuralagus rex*)と学名をつけた。

野ウサギの王

いくつかの骨を分析した結果、この先史時代のウサギは、体重は約12キロで、ヨーロッパなどに広く生息する現生のアナウサギの約6倍の大きさであるとされた。そもそもこの化石は、研究チームのリーダーでスペイン

本当の話
5300年前のウサギの足の化石がインドで発掘された。

のバルセロナにあるカタルーニャ古生物学研究所の古生物学者ジョゼップ・キンタナ氏が過去に見つけたものだった。しかし、ミノルカ島の巨大ウサギの化石がどれほど重要だったかを理解するには時間がかかった。

> はじめてこのウサギの化石を見つけたのは19歳のときで、何の骨だかわかりませんでした。巨大なカメの骨かと思っていました
> **ジョゼップ・キンタナ**
> 古生物学者、研究リーダー
> ヌララグス・レックスの化石発見時の感想

「はじめて見つけたのは19歳のときで、何の骨だかわかりませんでした。ミノルカ島の巨大なカメの骨かと思っていました」

風変わりな体

調査によると、この巨大ウサギはおよそ300万〜500万年前に生息していた。そして、現生のウサギにも絶滅したウサギにもない、変わった特徴をいくつか持っていた。たとえば、巨大ウサギの脊柱は短く硬かったので、ウサギ跳びは不可能だった。また、頭骨にある感覚をつかさどる領域が比較的小さいことから、目は小さく、耳も太くて短かったと考えられる。現在のウサギの耳とは大違いだ。キンタナ氏は、「おそらくヌララグス・レックスは、水から上がったビーバーのように、ぎこちない歩き方をしていたことでしょう」と言う。

米国カリフォルニア州ポモナにある、ウェスタン健康科学大学でウサギの進化を専門とするブライアン・クラーツ氏は、この研究には関与していないが、今回の研究を受けて次のように話す。「風変わりな点がいくつもありますが、頭骨や歯にはウサギの特徴が多く見られます。間違いなくヌララグス・レックスはウサギの一種です。実際のところ、規格外なウサギの体の上に、(サイズのバランスはともかく)典型的なウサギの頭が載っていたので

はないでしょうか」

自由で気楽な生活

　さらにクラーツ氏は次のように続ける。「体形はずんぐりしていて戦車のよう。そして体のつくりは変わっている。これらはストレスのない生活様式から生まれたのではないでしょうか」

　同氏によると、ミノルカ島には天敵がいなかったらしい。快適な暮らしのなかで、体が大きくなり、座ってじっとしていることが多くなっていったようだ。これに対して、現生のウサギは天敵から逃れるため、小柄ですばしこく走り、鋭い視覚を備えている。「巨大ウサギは進化の途中でバカンスを過ごしていたのかもしれない。まるで島のビーチで一日中ぶらぶらしているようなものです」と同氏は説明する。

　「心配事がほとんどない暮らしで、あまりに居心地がよすぎて、結局は絶滅してしまったのでしょう」

PART11

水の中の不思議な生き物

海には変わった生き物がいっぱい！ 中世の海図には巨大イカのクラーケンや巨大ウミヘビのシーサーペントなど、多くの珍獣や奇獣が描かれていた。しかし、そんな伝説上の海の怪物たちも、現代の科学者の前に次々と姿を現す生き物たちと比べたら色あせて見えるだろう。海の中には、単眼でアルビノのサメや、巨大な原生動物、道具を使うタコなど珍しい生き物が生息している。さあ一緒に、のぞいてみよう。

目が一つのサメを発見

2011年に、目が一つで真白なサメが発見されて世界を驚かせた。単眼のサメの報告例は多いのだろうか。原因としては何が考えられるだろうか。

きわめて珍しい単眼のサメがメキシコで見つかった。親サメから取り出された全長56センチほどの胎児には、機能する大きな目が顔の真ん中に一つだけ。これは「単眼症」と呼ばれる先天性疾患の特徴で、ヒトを含む数種類の動物に見られる。

過去の例も胎児ばかり

2011年、メキシコのカリフォルニア湾に浮かぶセラルボ島近くの海でのこと。地元漁師のエンリケ・ルセロ・レオン氏が、妊娠しているメジロザメ属のドタブカ（*Carcharhinus obscurus*）を捕獲した。そして獲物の腹を開いてみると、中から9頭の胎児とともに、単眼でアルビノのオスの胎児が現れた。

本当の話
アルビノは硬骨魚類ではよく発生するが、サメのような軟骨魚類ではまれだ。

単眼症のサメの胎児。顔の真ん中についた目の幅は2.6センチほど。

「驚きのあまり、絶句したそうです」。そう話すのは、メキシコのラパスにある海洋科学学際センター（CICIMAR）の生物学者フェリペ・ガルバン・マガーニャ氏だ。

同氏と同僚のマルセラ・ベハラノ・アルバレス氏は、フェイスブックの投稿でこのサメの存在を知り、レオン氏からサメを借り受けて詳しく調べることにした。X線検査を行い、ほかの生物種の単眼症に関する過去の研究も調べた結果、彼らはこれを単眼症のサメであると結論づけた。

米国フロリダ州ジャクソンビルにあるノースフロリダ大学のサメ生物学者ジム・ゲルスライヒター氏によれば、単眼症のサメに関する論文は過去にも何度か出されていて、いずれも胎児だったという。出産後の捕獲例がないのは、単眼症のサメが野生の環境では生後すぐに死んでしまうためと考えられる。世の中、知らないことばかりだと話すゲルスライヒター氏は、こうつけ加えた。

「私たちは、まだまだ勉強しないといけませんね」

汚染が原因とは考えにくい

　このサメには、単眼症以外にも色素の欠乏、鼻孔の欠如、額部の隆起、脊柱の変形などの先天性異常が認められた。ヒトを含む哺乳動物の場合には、母体の栄養不足（特にビタミンAの欠乏）が、子どもの単眼症の原因になることがある。しかし、サメに関しては、原因を特定するのは難しいらしい。

　とはいえ、今回のサメに限って言えば、環境汚染が原因である可能性は低いと、ガルバン・マガーニャ氏はみている。「サメが捕獲されたバハ・カリフォルニア・スル州沿岸の漁域は汚染とは無縁で、本来の自然がよく守られています。ですから、汚染が原因とは考えられないのです」

　いくつかの異常を別にすれば「体のほかの部分は見たところ正常」で、ヒレもよく成長していた。鼻孔は欠如していたが、鰓孔(えらあな)には問題はなく、口には小さな歯がいくつか生えていた。

　しかし、もし生まれていたとしても、そう長くは生きられなかっただろうと、同氏は言う。体が白いために目立ってしまい捕食者に狙われやすいうえ、尾部が変形してうまく泳げそうもないからだ。これまで、アルビノのドタブカの報告例はなく、「メキシコで確認されたのはこれが初めて」だという。

海からの贈り物

　調査が終わると、サメはレオン氏のもとへ返却された。ガルバン・マガーニャ氏の話によれば、レオン氏はこの単眼のサメを海からもらった勲章と考えており、アルコールで保存処理を施して

大切にしているのだという。「購入希望者が殺到していますが、彼は首を縦に振りません」

絶滅の危機

通常ドタブカは全長3メートルほどに成長するが、成魚になるのはサメのなかではもっとも遅い部類に属する。45年ほど生きることもある。ヒレを狙った密漁も多く、国際自然保護連合（IUCN）によりVU（危急種、日本の環境省では絶滅危惧II類）に指定されている。

ホホジロザメが船に飛び込むアクシデント

釣り人の体験談にはできすぎた話が多い。しかし、ここに紹介するのは、ただただ恐ろしい「ホラ話」ならぬ「ホラー・ストーリー」だ。

海洋科学者の研究チームが、南アフリカ南西部のケープタウン沖でサメにまき餌をしていたところ、必要以上の超大物をおびき寄せてしまった。体重が500キロもあるホホジロザメが船に飛び込んできたのだ。これは、2011年7月にモッセルベイ沖のシール島近くで起きた実際の出来事だ。この海域は「空飛ぶ」サメでよく知られている。

「私たちはサメの個体数を調べるために、連日、海に出ていました」と話すのは、海洋研究所の所長エンリコ・ジェンナーリ氏だ。この独立研究機関は大学と連携しながら、サメの生態に関する知識を世に広める活動を行っており、ナショナル ジオグラフィックとも共同で海の捕食者を扱うドキュメンタリー番組を制作している。

「サメの背ビレの形状は個体ごとに異なっているので、人間の指紋のように個体識別に使われます」と、ジェンナーリ氏は言う。「あの日、研究チームのメンバーは背ビレを間近で撮影するため

南アフリカ沖では、ホホジロザメの空中ジャンプはよく知られている。

に餌をまいていました。そして4〜5分様子を見ていたら、次の瞬間、大きな水しぶきが上がり、サメが1匹、船に飛び込んできたというのです」

　まず何より、この巨大な捕食者から乗組員の身を守らなければならない。サメは甲板の上で、のたうち回っている。「彼らは全員をサメから遠ざけたあと、私たちに無線で救援を求めてきました」。ジェンナーリ氏は同僚とともに、すぐさま現場へ急行した。暴れまわるサメを手で海に戻すことは不可能だったので、別の船に取り付けたロープでサメを引っ張り出そうとしたが、これも失敗に終わった。

生きたまま海に帰したい

「港湾施設に連絡をとり、クレーンの用意を頼みました。帰港までの約20分間、呼吸を助けるためにサメのエラに水をかけ続け、港に到着してからもパイプで口からエラに水を送りました。クレーンで尾ビレを上にして引っ張り上げるのは難しい作業でした。浮力のない陸上では、自分の重みで背骨や内臓を傷つけてしまう恐れがあるからです。でもサメを助けるためには、そうするしかありませんでした」

　サメを海中に下ろしたが、浅瀬で動きが取れなくなった。手で海のほうに押し返そうと試みるも失敗する。そこで研究チームは、サメの胴体にロープを結びつけ、船で引っ張ることにした。30分ほどするとサメが自力で泳ぎ出し、尾ビレで水しぶきをあげたので、ロープをほどくと、サメは海のかなたへ消えていった。

本当の話
世界最大級のサメにはメスが多い。

「まだ生きているかどうかもわかりませんが、またすぐにでも会えるといいですね」と、ジェンナーリ氏は言う。あのサメは定期的に撮影されていたの

> ### 危険なサメ、トップ3
> 「国際サメ襲撃ファイル（ISAF）」の報告によれば、サメ被害の記録をとり始めた1580年からの累計で人間にとって危険なサメ・トップ3は、ホホジロザメ（431件）、イタチザメ（169件）、オオメジロザメ（139件）。（2011年現在）

で、研究所内ではよく知られた存在だった。背ビレに特徴があるので識別しやすいのだという。

「サメが船に飛び込んできたのはあれが初めてでしたが、最後であってほしいですね。サメにとっても私たちにとっても精神的にとてもきつい経験でした。でも、けが人が出ず、サメを死なせずにすんだのは、不幸中の幸いです」

ホホジロザメが飛ぶ理由

　南アフリカ近海でサメが船に飛び込んだのは、これが初めてではない。「過去にも何度かありました」と、エーペックス・シャーク・エクスペディションズのクリス・ファローズ氏はナショナルジオグラフィックの取材に答えた。同氏は20年にわたってホホジロザメの空中ジャンプ（ブリーチング）を観察し、撮影している。「1976年にフォールス湾で2度、サメが船に飛び込む事件が起きました。そのうち1回は漁師が重傷を負い、サメは悲しいことに2度とも死にました」

　エーペックスは毎年600〜700回ほど、シール島でサメの観察会を開催している。「このイベントの最中に、サメのみごとなジャンプを見ることがよくあります。船の近くで飛んだことも何度かありました。でも安全には最大限の注意を払っており、かなり大

きな船を使用してもいます。運にも助けられ、私たちの船にサメが飛び込んできたことは幸い一度もありません」

では、サメはどんなときに船に飛び込んでくるのだろうか。ファローズ氏は以下のように説明する。「要因はいくつか考えられます。サメが飛ぶのは多くの場合、オットセイや魚や疑似餌などの獲物を追っているときです。でもときには、ナチュラル・ブリーチングと呼ばれる行為をすることもあります。理由ははっきりしませんが、コミュニケーションや威嚇などの社会的機能を果たしているのではないかと考えられています。ナチュラル・ブリーチングのときのジャンプは非常に高く、口は閉じられ、すぐ近くに複数のサメがいることもよくあります」

これは大きい！

2009年秋にメキシコのグアダルーペ島沖で捕獲されたオスのホホジロザメは、全長が5.5メートル、体重は2トンを超えていた。調査チームは血液サンプルを採取し、衛星追跡装置をつけてから、サメを海に戻した。

世界最深の海で巨大「アメーバ」を発見

最果ての地には科学者たちの度肝を抜くような生物が潜んでいる。そして、地球でもっとも深い海に挑んだ科学者たちを待っていたのは、巨大な単細胞の原生動物だった。

世界一深いマリアナ海溝で、大型の「アメーバ」が見つかった。これはクセノフィオフォラと呼ばれる海綿状の原生動物で、アメーバのように一つの細胞でできている。これを発見したのは、米国カリフォルニア州ラホヤにあるスクリップス海洋研究所の遠征調査隊だ。

10センチの「巨大生物」

クセノフィオフォラの大きさは10センチほど。これは、存在が確認されている単細胞生物のなかでは最大級だ。発見されたのは水深1万600メートルの場所で、ニューヘブリディーズ海溝での記録（水深7600メートル）を大幅に塗り替え

> クセノフィオフォラは極端な環境への適応力がある反面、とても壊れやすいので、人間がより深い海へと活動範囲を広げていくときには、こうした生物に細心の注意を払う必要があります。
> **リサ・レビン**
> スクリップス海洋研究所の深海生物学者

ることになった。

　調査データを分析した、スクリプス海洋研究所の海洋学者リサ・レビン氏は、「クセノフィオフォラは、深海にしか生息していない数少ない生物の一つです」と話す。

ドロップカムが大活躍

　マリアナ海溝でのクセノフィオフォラの撮影には、ナショナル ジオグラフィック協会が開発したドロップカムが使われた。ドロップカムとは、照明とデジタルビデオカメラを搭載し、自重で海深く沈む装置だ。分厚い耐圧ガラスで覆われたドロップカムには、深海に潜んでいる生物をおびき寄せるための餌が仕掛けてある。もっとも深い海を泳ぐクラゲなどの姿もこのカメラで撮影されている。

「深海の生物群は地球上最多で、多様性も圧倒的に高いのですが、解明されているのはごく一部にしかすぎません」と、レビン氏はナショナル ジオグラフィックの取材に話した。

　英国サウサンプトン大学の海洋生物学者ジョン・コプリー氏は、「深海生物に関する大発見の多くをもたらしてきたのは、海底観測用のさまざまな機器でした」と指摘する。

「ドロップカムは今後の活躍が期待できます。遠隔操作型の無人探査機や潜水艇に比べて、より詳しい調査をより低コストで行えますから」とコプリー氏は言う。「クセノフィオフォラがこれほど深い場所で見つかっ

本当の話

クセノフィオフォラには鉛やウランや水銀を濃縮して蓄積する能力があることから、多量の重金属に対する耐性があると考えられる。

たということは、深海には未知の世界がまだまだ広がっているということを示しています」

　米国プリンストン大学で深海微生物を専門とするタリス・オンストット氏も、マリアナ海溝でのクセノフィオフォラ発見を称賛する。「さて、次は何かな。深海で巨大な線虫が見つかるかもしれませんね」

万能のノコギリを持つエイ

ノコギリエイの「ノコギリ」は多機能ツールだ。獲物を真っ二つにすることもできれば、海底の砂に埋まっている餌を掘り起こすこともできる。そのうえ、獲物がつくる電場を探知する「センサー」としての働きもある。

ノコギリエイの仲間には「第六感」が備わっている。といっても、死者の姿が見えるわけではない。ノコギリエイは高感度の電気センサーで獲物の動きを感じ取り、仕留めていることが明らかになった。そのとき使われるのが、頭部から長く突き出た吻だ。

ノコギリエイの仲間は、熱帯や亜熱帯海域に広く分布し、淡水域にも生息している。以前は、頭蓋骨から伸びた軟骨の「ノコギリ（吻）」は、もっぱら土砂を掘り返して獲物を探すためのものと思われていた。だが、武器としても使われていることがわかった。研究室での実験で、ノコギリエイが吻を水平に払って、自分より小さな魚を一刀両断す

本当の話

吻の両側に並ぶ「歯」のようなトゲトゲは、変形した鱗（うろこ）だ。本物の歯は、腹側にある口の中に生えている。

ノコギリのような吻には、獲物がつくる電場を探知する孔がたくさんついている。

る様子が確認されたのだ。

気配を感じ取る

　皮歯が並ぶ長い吻にはたくさんの孔があり、いわば「遠隔触覚」のように働いている。そしてこの孔で、獲物が通り過ぎる際に電場の変化を感知するのだと、オーストラリアにあるクイーンズランド大学の感覚神経生物学者バーバラ・ウェリンガー氏は説明する。この能力は、濁った水や暗闇での狩りで特に力を発揮するという。

　ノコギリエイは成長すると全長5メートルになるというのに、「その巨体と比べて、私たちがこの魚について持っている知識のなんとちっぽけなことか」と、ウェリンガー氏は言う。「あのノコギリがセンサーの役割を果たしていたとは驚きです」

孔の場所にもわけがある

　ウェリンガー氏は生きたノコギリエイを観察する一方、たまたま漁網にかかったり、自然死したりしたノコギリエイ数匹の解剖も行った。あらゆる生物が持つ電場を感じ取っているのは、ノコギリに多数ある小さな孔だ。サメやエイなどの軟骨魚類のほか、ハイギョなどの硬骨魚類や、ハリモグラなどの哺乳類にも孔を持つものがいる。

　同氏はノコギリエイの仲間のなかでも希少な4種について、ノコギリにある孔の「分布図」を作成し、それをガンギエイの仲間であるシャベルノーズレイ2種と比較した。

　孔が集中している場所がわかれば、摂食行動を知るヒントになると考えたのだ。「たとえば、シャベルノーズレイの場合、目が背側に、口は腹側についています。電場を感知する孔は口の近くにあるので、餌として狙っている魚の位置を感じ取ることはできますが、目で追うことはできません」

　それに対し、ノコギリエイの孔はノコギリの背側に集中していた。ということは、自分より上方にいる獲物をこっそり追跡するのに役立つはずだ。

希少種保護の一助に

　ウェリンガー氏は、自分の研究がノコギリエイについての理解向上に役立ち、保護活動の一助になればと願っている。特に研究対象とした4種類はもはや、オーストラリア北部の一部にしか残っていないので、願いは切実だ。

　国際自然保護連合（IUCN）によれば、ノコギリエイの個体数は急激に減る傾向にあるという。乱獲や混獲が主な原因だ。ノコ

ギリ状の吻が漁網に絡まりやすいという事情もある。

「絶滅危惧種を保護するには、その種のことをできるだけ知る必要があります」と、ウェリンガー氏は言う。「獲物をどうやって捕まえるのか、どの感覚器官で獲物を見つけているのか。こうしたことも、基礎知識として理解することが大切です」

卵胎生って何？

ノコギリエイは卵胎生で、受精卵が母体の中で卵黄から養分をとりながら成長し、孵化して幼体になってから母体の外に出る。妊娠期間は種類によって数カ月から1年ほど。生まれるときにはすでにノコギリを持っているが、出産の時に母体を傷つけないように、ノコギリはまだ柔軟で、しかも鞘に入っている。

ココナツを股に
はさんで歩くタコ

あら不思議。さっきまでいたはずのタコは一体どこへ？ じつはこのタコ、いざというときに身を隠すために、ココナツの殻を普段から持ち歩いているというのだから、感心する。

半分に割れたココナツの殻を二つ、股の間にはさんで、つま先で歩くタコが見つかった。そのうえタコは危険を感じるとすぐさま、体を守るためなのか、外敵をあざむくためなのか、二つの殻を器用に組み合わせて、その中に姿を消した。

インドネシア沖で、このタコの行動を見た生物学者のマーク・ノーマン氏は「ぷっと吹き出した拍子に、マスクの中に海水が入ってきてしまいました」と、当時を振り返る。

これをもって、ココナツを運ぶメジロダコは道具を使う動物の仲間入りとなった。しかも、無脊椎動物では初めて、という栄誉つきだ。

本当の話

タコの8本の腕には2000個近い吸盤がついていることもある。

いないいない、ばあ！ ココナツの殻に隠れるメジロダコ。

大きな「おわん」を抱えて

　オーストラリアのメルボルンにあるミュージアム・ビクトリアの生物学者ジュリアン・フィン氏が率いる研究チームは、20匹のメジロダコ（*Amphioctopus marginatus*）を定期的に観察していたところ、タコが長さ約15センチの触手を使って、幅が8センチほどしかない自分の体よりも大きなココナツの殻を運ぶ姿を何度も目にした。

　あるタコは、半分に割れたココナツの殻を二つばかり掘り起こしておいて、周囲に隠れる場所がなかったり、海底の砂地で休んだりするときに、その中に入って身の安全を確保していた。この

行為だけでも十分驚きだったのだが、研究員たちをさらに驚かせたのは、殻を出てからのタコの行動だった。殻を手際よく股の間に抱え込むと「歩き」出したのだ。実にぎこちない足取りで。

「タコの能力にはいつも感心させられてきましたが、あれは実にへんてこな姿でした」と、論文の共著者で、ミュージアム・ビクトリアで上級キュレーター（軟体動物担当）を務める前出のノーマン氏は言う。

ココナツの殻を運ぶには、巨大な「おわん」を股の間にはさむように触手で覆い、つま先立ちになって歩かなければならない。これではかえって捕食者に狙われやすくなると、研究チームを率いるフィン氏は言う。

「殻なんて抱えていなければ、得意のジェット噴射でずっと速く移動できます。でも、果てしなく続く泥ばかりの海底には逃げ込む場所がありません」。そこで、歩みが遅くなることは覚悟のうえで、避難シェルターを手元に常備しているというわけだ。

道具の定義とは

メジロダコの行動と、たとえば貝殻で外敵から身を守っているヤドカリの行動とはどこが違うのだろうか。

ヤドカリにとって貝殻は常に背負って生活するためのものなので、貝殻は道具とはみなされない。道具とは定義上、特定の目的のために使われるときになって初めて役に立つというものでなければならない。つまり、道具を使う動物には、先を見越して計画を立てる能力が必要なのだ。だから、タコのココナツ運びは道具の使用に当たると、フィン氏は言う。なぜなら、ココナツの殻は「すぐに役に立つわけではない」からだ。

多くのタコの知能が高いことはよく知られている。学習能力が

あるらしく、迷路に入れても脱獄犯ばりに出口をやすやすと探し当てることは有名だ。

道具使用の目的がまた驚き

　かつては道具が使えるのは人間だけと考えられていた。だが、人間以外にも道具を使える動物はいる。彼らは高度な知能をもっているといえるだろう。以前から、チンパンジーは「道具作り」が得意なことで有名だし、一部のイルカは口吻に海綿動物をつけて海底の砂を掘り返して餌を探す。カラスは小枝や葉を使って虫を捕まえる。

　しかし、そうした例と比べても、タコのケースは際立っている。「まさか、道具を使う頭足類（イカやタコの仲間）がいるなんて考えてもみませんでした」と、米国ロサンゼルスにあるジェーン・グドール研究センター（JGRC）の共同責任者で、生物人類学者のクレイグ・スタンフォード氏は話す。同氏は今回の研究に関与していない。

　道具の使用目的が食べ物目当てでなかったことも驚きだったと、スタンフォード氏は言う。「チンパンジーでさえ、森で拾ってきたもので身を守るものを作ったりしませんからね」

> ココナツの殻は、ただ持ち歩いているあいだは何の役にも立ちません。雨に備えて鞄に入れてある折り畳み傘のようなものです。でも、いざとなったら、さっと取り出して、その中に入れば、身を守ることができます。
> **トム・トレゲンザ**
> 進化生態学者

大きな精子をつくる
小さなヤリイカ

繁殖をめぐるオス同士の戦いで、劣勢にある体の小さなオスは、「大きな精子」という隠し玉を持っていた。それ専用の貯蔵器官を持つメスとの連携プレーもバッチリだ。

体の大きさで不利な立場のオスには秘策があった。メスに比べて「体が小さいオス」は「大きいオス」より大きな精子をつくっていたのだ。しかも、小型オスの精子は、メスの口の近くにある「専用の」貯蔵器官に貯めておかれることも判明した。

大型オスの戦術
色とりどりの光で誘惑

大きなオスは色とりどりに発光しながら求愛する。小さなオスにはかなわない芸当だ。だから、メスは大きなオスに進んで身を任せる。

メスに選ばれた大きなオスは、メスを下から支えるように重なり合い、外套膜（胴体）

本当の話
同一種のオスが大きさの異なる2種類の精子をつくる、ヤリイカのような例が見つかったのはこれが初めて。

の中に交接腕を差し込んで、精子の入ったカプセル（精包）を輸卵管の入り口に挿入する。カプセルはすぐにはじけて中から精子が泳ぎ出し、輸卵管を通ってきた卵と出合う。大型オスはほかのオスが受精にやってこないように、産卵するメスを見張り続ける。

小型オスの戦術
目を盗んでこっそりと交接

ところが、メスがいざ海底で産卵を始めると、小型イカが隙を見てメスに忍び寄り、瞬く間に精子の入ったカプセルをメスにくっつけていくことがある。「スニーキング（こそこそした動き）」と呼ばれる行為で、小型のオスが「スニーカー」と呼ばれるゆえんだ。
「メスは口のそばにスニーカー専用の精子貯蔵器官を持っています。そして、たいていスニーカーからも精包を受け取ります」。そう教えてくれたのは、論文の筆頭著者で、東京大学大気海洋研究所・日本学術振興会特別研究員の岩田容子氏だ。

結局、大半の卵は大型オスの精子で受精することになるのだが、「スニーキング」によって小型オスにも子孫を残すチャンスはあるというわけだ。

精子のサイズがものをいう

岩田氏らの研究チームは商業用に捕獲されたイカを解剖し、オスの体内と、メスの体内および体外のスニーカー専用の精子貯蔵器官の2カ所から精子を採取した。

顕微鏡で精子の大きさを測定したところ、メスの体内に貯えら

> 精子の大きさの違いは、精子間の競争で進化してきたというよりはむしろ、メスが多く子孫を残すために体内受精や体外受精を行うことに適応した結果だと考えられます。なぜなら、両タイプの精子とも受精能力を持っており、泳ぐ速度にも違いがなかったからです。
> **岩田容子**

れていた大型オスの精子の長さは平均0.073ミリ、それに対して、小型オスの精子の長さは平均0.099ミリであることがわかった。生きたメスから採取した卵を使って人工授精を試みた結果、大小どちらのイカの精子にも受精能力があることも確認できた。

　精子が泳ぐ速度にも、オスの体の大小による差はなかった。この点から考えると、大きな精子のほうが精子競争で有利とは言えない。そこで研究チームは「スニーカー」の精子は、メスの精子貯蔵器官と周辺環境にもっとも適した形状へと進化した可能性が高いと考えた。

　交接のときに精子の受け渡しが行われる二つの場所（体内と体外）とその周辺の海水には、pHや塩分濃度、酸素や二酸化炭素や栄養分の濃度などに違いがあり、それぞれの特性によって有利な精子の形状は異なるはずだからだ。

　同一種内で、オスの体の大きさによって、精子のサイズも繁殖行動も異なる例が見つかったのは、これが初めてだという。

　こうしたヤリイカの繁殖戦略には進化の上でもメリットがあるのではないかと、岩田氏は指摘する。「スニーカー」からも精子を受け取って受精させることで、メスは遺伝的に多様な子孫を残せることになり、長い目で見た場合、種の環境適応力を高められるというのだ。

遺伝か、環境か

　まだ、謎は残る。そもそも、孵化したオスのヤリイカが小型に

なるか大型になるかは、何によって決まるのだろうか。「スニーカー」という特性は親から子へと遺伝するのか、海水温や餌の量などの環境要因で決まるのか、まだ答えは出ていない。

> **本当の話**
>
> イカは海水を外套膜（胴体）の中に吸い込み、漏斗（頭についている管）から勢いよく噴出することで推進力を得て泳ぐ。

ただし、少なくともほかの種のイカに関する研究には、環境の影響を示唆するものがある。米国スタンフォード大学でイカを研究するウィリアム・ギリー氏によれば、アメリカオオアカイカ（フンボルトイカとも呼ばれる）は、エルニーニョの年には、ライフサイクルをすっかり変化させてしまうのだという。エルニーニョとは、太平洋中部から東部の熱帯域で海水温が上昇する現象だ。

例年より海水温が高いと何らかの形で影響が生じ、アメリカオオアカイカはわずか生後6カ月ほどで繁殖を始めてしまう。6カ月では腕を除く体長はまだ20センチほどにしか育っていない。通常なら、このイカが繁殖を開始するのは完全に成熟して全長が180センチほどになってからである。

「人生の早い時期に受けた環境シグナルが、その後の人生を変えるということは、イカに限らず、多くの動物によくみられることかもしれませんね」と、ギリー氏は語った。

図版クレジット

2-3, Joel Sartore/National Geographic Creative; 4, NASA; 6, Everett Collection/Shutterstock.

PART 1
10-11, Travis Dove/National Geographic Creative; 13, Simon Hartshorne/Shutterstock; 15, Bart Acke/Shutterstock; 18, Richard Barnes/National Geographic Creative; 21, siloto/Shutterstock; 23, Imaginechina/ Aflo; 27, Featurechina/ Aflo; 28-29, Featurechina/ Aflo; 29（上）, Featurechina/ Aflo; 29（下）, Featurechina/ Aflo.

PART 2
34-35, Science Source/Aflo; 37, dodoimages/Shutterstock; 43, Oskin Pavel/Shutterstock; 46, dodoimages/Shutterstock; 54, Germán Ariel Berra/Shutterstock; 56, Bianca Lavies/National Geographic Creative; 57, red rose/Shutterstock; 60, NASA; 65, paulart/Shutterstock.

PART 3
70-71, Joel Sartore/National Geographic Creative; 73, Julie de Leseleuc/Shutterstock; 77, Bruce Dale/National Geographic Creative; 78, Vule/Shutterstock; 80, Michael Nichols, NGP; 81, Juniors Bildarchiv/Aflo; 82, Ardea/Aflo; 83, Blickwinkel/Aflo; 85, Minden Pictures/Aflo; 93, Nebojsa S/Shutterstock; 94, worldswildlifewonders/Shutterstock.

PART 4
96-97, Science Photo Library/Aflo; 101, Eric Isselée/Shutterstock; 109, Mur34/Shutterstock; 110-111, John McQueen/Shutterstock; 116-117, Pitroviz/Shutterstock; 121, Hein Nouwens/Shutterstock.

PART 5
122-123, Ardea/Aflo; 124, 6259040374/Shutterstock; 129, AP/Aflo; 133, LeCire/Wikimedia Commons; 135, 136, lantapix/Shutterstock; 139, Reuters/Aflo; 141, robertharding/Aflo; 142-143, John Young/Shutterstock; 147, NASA; 148, NASA; 149, NASA; 150, NASA; 141, NASA; 152, NASA; 153, NASA; 155, Reuters/Aflo; 158-159, R. Formidable/Shutterstock.

PART 6
160-161, David Trood/The Image Bank/Getty Images; 164, John Downer/Oxford Scientific/Getty Images; 168, Frans Lanting/National Geographic Creative; 171, Silvia Reiche/FN/Minden Pictures/National Geographic Creative; 176-177, Oleg Iatsun/Shutterstock; 174, Minden Pictures/Aflo; 183, Koshevnyk/Shutterstock; 181, silver

tiger/Shutterstock.
PART 7
188-189, NASA/JPL-Caltech; 186, NASA; 192, Michael Monahan/Shutterstock; 194, ESO/M.Kornmesser; 195, John T Takai/Shutterstock; 198, ESA/AOES Medialab; 203, NASA; 206, NASA, ESA, and M. Showalter(SETI Institute); 213, Illustration courtesy Swinburne Astronomy Productions; 217, NASA, ESA, the Hubble Heritage (STScI/AURA)-ESA/Hubble Collaboration, and A.Evans (University of Virginia, Charlottesville/NRAO/Stony Brook University); 218-219, nex999/Shutterstock; 222, David A. Aguilar(CfA), TrES, Kepler, NASA.

PART 8
226-227, mareandmare/Shutterstock; 230, Morphart Creations Inc./Shutterstock; 228, Habakkuk Commentary, columns 5-8,Qumran Cave 1, 1st century BC (parchment)/The Israel Museum, Jerusalem,Israel/The Bridgeman Art Library/Aflo; 237, Levent AVCI/Shutterstock; 239, Bojanovic/Shutterstock; 241, Dimedrol68/Shutterstock; 242-246, Binkski/Shutterstock; 245, Morphart Creations Inc./Shutterstock; 251, Hanna J/Shutterstock; 254, The Black Death, 1348 (engraving)(b&w photo), English School, (14th century)/Private Collection/The Bridgeman Art Library; 262-263, Algol/Shutterstock.

PART 9
264-265, Carsten Peter/Speleoresearch &Films/National Geographic Creative; 267, Casa Presidencial/Reuters/Aflo; 270, Mark Thiessen, NGP; 272-273, iraladybird/Shutterstock; 279, Carsten Peter/Speleoresearch & Films/National GeographicStock; 285, Morphart CreationsInc./Shutterstock; 287, Carsten Peter/National Geographic Creative; 291, Emir Simsek/Shutterstock.

PART 10
292-293, Damnfx/National Geographic Creative; 296, Press Association/Aflo; 296-297, Courtesy Jurassic Coast Team, Dorset County Council; 297（上）, Courtesy Jurassic Coast Team, Dorset County Council; 297（下）, Raul Martin/National Geographic Creative; 298, Mackey Creations/Shutterstock; 300, Stubblefield Photography/Shutterstock; 302, Leremy/Dreamstime.com; 306, Illustration courtesy Francisco Gascó, Mike Taylor, and Matt Wedel; 309, Morphart Creations Inc./Shutterstock; 313, Joe McNally/National Geographic Creative; 319, O. Louis Mazzatenta/National Geographic Creative; 322-323, Vule/Shutterstock.

PART 11
324-345, Colin Parker/National Geographic My Shot; 327, Shutterstock/Aflo; 331, C&M Fallows/SeaPics.com/Aflo; 332, Albo003/Shutterstock; 336, SFerdon/Shutterstock; 339, Erwin Zueger/Aflo; 343, Bluegreen Pictures/Aflo; 344-345, Thirteen-Fifty/Shutterstock.

ナショナル ジオグラフィック協会は1888年の設立以来、研究、探検、環境保護など1万2000件を超えるプロジェクトに資金を提供してきました。ナショナル ジオグラフィックパートナーズは、収益の一部をナショナルジオグラフィック協会に還元し、動物や生息地の保護などの活動を支援しています。

日本では日経ナショナル ジオグラフィック社を設立し、1995年に創刊した月刊誌『ナショナル ジオグラフィック日本版』のほか、書籍、ムック、ウェブサイト、SNSなど様々なメディアを通じて、「地球の今」を皆様にお届けしています。

nationalgeographic.jp

ナショナル ジオグラフィック
にわかには信じがたい本当にあったこと

2019年3月25日 第1版1刷

編 者	デビッド・ブラウン
翻 訳	片山美佳子(はじめに、PART5, 8)、木下朋子(PART1) 田島夏樹(PART2)、牧野建志(PART3)、山内百合子(PART4) 鈴木和博(PART6, 7)、井上毅郎(PART9)、大津祥子(PART10) 吉村裕子(PART11)
編 集	尾崎憲和、葛西陽子
編集協力	小葉竹由美
デザイン	渡邊民人、清水真理子(TYPEFACE)
発行者	中村 尚哉
発 行	日経ナショナル ジオグラフィック社 〒105-8308 東京都港区虎ノ門4-3-12
発 売	日経BPマーケティング
印刷・製本	シナノパブリッシングプレス

ISBN978-4-86313-440-9　Printed in Japan
TALES OF THE WEIRD
Original published by National Geographic Society.
Copyright © 2012 National Geographic Partners
Copyright © 2019 Japanese Edition National Geographic Partners LLC. All Rights Reserved
NATIONAL GEOGRAPHIC and Yellow Border Design are trademarks of the National Geographic Society, under license.

本書の無断複写・複製(コピー等)は著作権法上の例外を除き、禁じられています。購入者以外の第三者による電子データ化及び電子書籍化は、私的使用を含め一切認められておりません。